WHISKY
WHISKY

칵테일은 어렵지 않아

LES COCKTAILS C'EST PAS SORCIER

Thanks To

미카엘 귀도(Mickaël Guidot)

나와 만난 모든 바텐더들에게 감사드립니다. 그들 중 몇몇은 지난 몇 년 동안 바의 문턱이 닳도록 찾아다니기도 했지요. 찰리(Charly)와 마티유(Mathieu)가 전해준 열정에 감사드립니다. 기꺼이 나의 칵테일 실험 대상이 되어주신 부모님과 친구들에게도 고마운 마음을 전합니다.

이 책이 적절한 시기에 출판될 수 있도록 애쓴 야니스(Yannis), 자르코(Zarko), 엘렌(Hélène), 에마뉘엘(Emmanuel)의 친절과 노력에도 감사를 전합니다. 그리고 내게 무한한 영감을 주는 나의 충실한 위스키병들에게 고마움을 표합니다.

야니스 바루치코스(Yannis Varoutsikos)

「칵테일」을 통해 잊을 수 없는 시간을 보내게 해준 톰(Tom), 고마워요.

물론, 모든 바텐더들에게 감사합니다.

그리고 이 새로운 모험을 시작하게 해준 미카엘(Mickaël), 고마워요.

Hippy Hippy Shake !

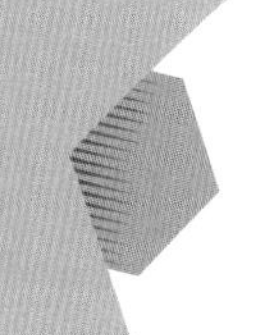

칵테일은 어렵지 않아

LES COCKTAILS C'EST PAS SORCIER

미카엘 귀도(Mickaël Guidot) 글
야니스 바루치코스(Yannis Varoutsikos) 그림
고은혜 옮김

GREENCOOK

CHAPTER N° 1 칵테일 시작하기

CHAPTER N° 2 칵테일, 어떻게 만들까?

CHAPTER N° 3 칵테일 바

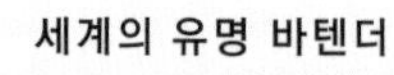

세계의 유명 바텐더

CHAPTER N° 4 식사와 칵테일

CHAPTER N° 5 실전 레시피

CHAPTER N° 6 참고자료

칵테일 시작하기

누구나 쉽게 마시고 즐기는 칵테일.

그렇지만 칵테일을 단순히 몇 가지 술을 섞어서 만든

혼합물이라고 생각한다면 다시 생각하기 바란다.

모든 것이 후각적인 경험, 그리고 그 이상을 느낄 수 있도록

전문적으로 연구한 결과이다.

여러 가지 면에서 요리와 비슷하다는 점에서도 놀랄 것이다.

이렇게 멋진 칵테일의 세계에 온 것을 환영한다.

칵테일, 누가 마실까?

칵테일은 이제 세계적으로 와인이나 맥주와 같이 주류의 한 종류로 자리를 잡았다.
「칵테일 애호가」의 각기 다른 면모를 살펴보자.

할아버지 · 할머니

어쩌면 당신이 미처 알지 못하는 사이에, 할아버지나 할머니를 통해 칵테일의 세계를 접했을지도 모른다. 할아버지는 파스티스(Pastis)에 민트 시럽을, 할머니는 부르고뉴산 화이트와인 알리고테(Aligoté)에 카시스 리큐어를 넣어서 술을 좀 더 맛있게 즐기는 모습을 보았을지도. 칵테일이라고 하기엔 재료가 너무 빈약하다고? 하지만 바로 이것이 칵테일의 기본이다.

해피 아워 애호가

오후 5시가 지나면 바에 어김없이 민트잎이 들어 있는 잔(아마도 설탕이 너무 많이 들어간 모히토)이나, 스칼렛 오렌지색의 우아한 잔(폭발적인 인기를 누리고 있는 스프리츠)이 줄지어 있는 모습을 보게 된다. 퇴근길 할인가격으로 칵테일을 마실 수 있는 「해피 아워」는 몇몇 칵테일이 큰 인기를 얻는 계기가 되었다.

여성

칵테일이라고 하면 스리피스 정장을 입고 한 손에 올드 패션드(Old Fashioned) 글라스를 든 미국 드라마 〈매드맨(Mad Men)〉의 주인공 돈 드레이퍼가 떠오르는가? 하지만 그의 여비서도 맨해튼(Manhattan)을 마시고 있었다는 사실을 잊지 말자. 또 그의 부인은 보드카 김렛(Vodka Gimlet)을 마셨다는 사실도. 여성은 남성과 취향이 확연히 다르지만, 다른 알코올 음료에 비해 칵테일을 선호하는 경우가 많다.

힙스터

칵테일은 오래전부터 존재했지만, 지금도 여전히 「힙(Hip)」한 칵테일 바가 매주 새롭게 문을 연다. 그러나 이런 바에서는 인기 없는 칵테일을 매우 비싼 가격에 판매하는 경우가 많기 때문에 주의해야 한다.

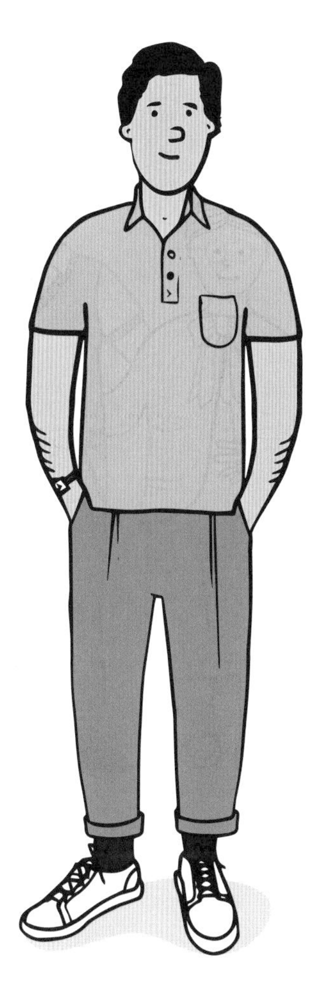

비음주자

칵테일 바에 큰 변화를 가져온 무알코올 칵테일은 탄생 후 몇 년 사이에 메뉴판에 확실하게 자리를 잡았다. 가짜 칵테일을 뜻하는 목 칵테일(Mock Cocktail)을 줄인 「목테일(Mocktail)」은 진짜 칵테일처럼 보이지만 알코올이 들어 있지 않아, 취하지 않고 즐기고 싶은 고객을 끌어모은다.

미식가

좋은 레드와인 한 잔 없는 멋진 식사를 상상이나 할 수 있을까? 미식가들이 좋아하는 음식에 새로운 비전을 제시하여 그들을 기쁘게 할 음식과 칵테일 페어링을 시도해볼 수 있다.

믹솔로지 철학

믹솔로지(Mixology)라는 단어는 이제 보편적인 어휘가 되었다.
「믹솔로지」, 「믹솔로지스트」, 또는 「믹소~」라는 문구를 쓰지 않고 개업하는 바를 찾아보기 어렵다.
하지만 믹솔로지에는 「철학」이 분명히 존재한다.

정의

윅셔너리(Wiktionary)에 의하면 믹솔로지는 「칵테일을 만들기 위한 음료의 혼합 기술」을 의미한다. 1948년 메리엄-웹스터 사전에서 내린 첫 번째 정의에 의하면 믹솔로지는 「혼합 음료를 제조하는 기술 또는 예술」이다.

과학적인 예술

믹솔로지는 과학과 예술 분야를 아우르는 서로 다른 개념을 통합한 것이다. 새로운 재료와 기술을 연구하고 분석해야 할 뿐 아니라 배합이 중요하다는 면에서 믹솔로지는 과학이다. 하나의 새로운 칵테일을 만들어 내기 위해 믹솔로지스트가 수년 동안 고심하는 경우도 드물지 않다. 일부 칵테일 바에서는 고객이 볼 수 없는 장소에 「연구실」을 갖춰놓고 미래의 새로운 칵테일을 만들어내기도 한다.

예술적인 과학

믹솔로지스트는 영감을 얻기 위해서 또한, 소비자에게 자신이 설계한 세계를 보여주기 위해서 후각, 시각, 상상력의 조화를 이루도록 광범위하게 문학적 연구를 한다는 점에서 예술가이기도 하다.

공연 예술

칵테일 바에 앉아서 믹솔로지스트가 칵테일을 만드는 과정을 지켜보는 것만큼, 사람을 매혹시키고 흥분시키는 일도 없다. 칵테일을 만드는 모든 제스처에서 열정이 느껴진다. 단, 지나치게 과장된 제스처는 주의해야 한다. 몇몇 믹솔로지스트는 손목의 움직임을 강조하거나 불필요한 몸짓을 하는 등, 과한 동작이 새로운 유행처럼 되고 있다. 배우와 마찬가지로 적절한 동작은 괜찮지만 오버 액션은 오히려 방해가 된다.

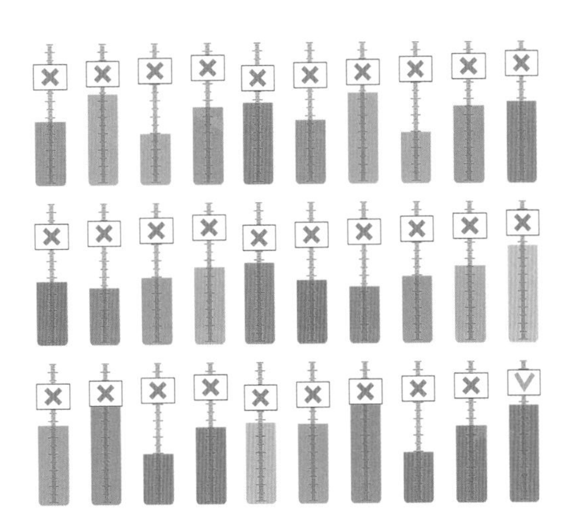

정확성을 위한 집요함

새로운 칵테일을 만드는 과정에서 믹솔로지스트가 저지르는 많은 실수와 오류는 결국 예외 없이 「완벽한」 칵테일을 만들어내기 위한 것이다. 믹솔로지에서 가장 중요한 것은 정확한 계량이다.

혁신과 열정

대부분의 믹솔로지스트는 다른 기술, 새로운 재료, 심지어 새로운 술을 이용해 자신만의 방식으로 클래식 칵테일을 재해석한다. 사람들은 믹솔로지스트가 새로운 트렌드를 관찰하고 예측하여 훗날 새로운 클래식이 될 칵테일을 만들어낸다고 생각한다.

서비스, 언제나 서비스

칵테일 바에 들어가면 물 한 잔과 함께 천천히 칵테일을 선택할 수 있는 시간이 주어진다. 메뉴에는 상세한 설명이 있어서 여러 칵테일의 특징과 기본적인 맛에 대해 알려주며, 믹솔로지스트는 질문에 대한 답도 제시한다. 또한 여러분에게 새로운 경험을 선사할 준비가 되어 있으며, 편안한 시간을 보낼 수 있도록 모든 노력을 다 한다.

믹솔로지스트 vs 바텐더

바텐더 겸 믹솔로지스트는 말할 필요도 없고, 칵테일 바라는 정글 속에서 바텐더와 믹솔로지스트를 구분하는 것은 매우 어려운 일이다. 그러나 한쪽을 과대평가하고 다른 한쪽을 과소평가하지 않도록 주의할 필요가 있다. 둘은 각각 상호보완적인 기능을 하고 때로는 한 사람이 두 가지 역할을 모두 맡기도 한다. 여기서는 가장 일반적인 고정관념을 살펴본다.

남자가 하는 일?

성차별에 빠지지 않도록 주의하자. 많은 여성들이 과거에는 남성의 전유물이라고 여겼던 믹솔로지의 세계에 진출해 편견을 깨고 자신만의 영역을 구축하고 있다. 과거에는 칵테일 바를 운영하는 사람도 남성이었고, 그곳에 모이는 사람도 남성이었다. 다행히 시대가 변화하여 지금은 여성이 믹솔로지에서 중요한 역할을 맡고 있다.

믹솔로지스트

- 칵테일 기술과 바텐딩 분야를 공부한다.
- 혁신적인 칵테일을 만든다.
- 오래되었거나 보기 드문 테크닉과 재료를 사용한다.
- 색다른 맛이 있는 의외의 조합을 만든다.
- 자신만의 색깔을 더해서 클래식 칵테일을 「재해석」하기도 한다.
- 칵테일의 역사를 완벽하게 숙지한다.
- 정기적으로 증류주 업계에 자문을 해주기도 한다.

바텐더

- 일반적이고 인기 있는 칵테일을 많이 알고 있다.
- 신속한 서비스가 가능하고 한 번에 많은 고객을 감당할 수 있다.
- 자금운용과 재고관리를 담당한다.
- 바텐딩에 대해 좀 더 경영자에 가까운 생각을 갖고 있다.
- 재료의 구입과 배송을 담당한다.
- 계획과 예측을 통해 많은 고객을 관리한다.

「믹솔로지스트」, 중요한 것은 실력

「힙스터 문화」의 유행과 함께 현재는 점점 더 많은 칵테일 바에서 덥수룩한 수염, 가죽 앞치마, 원목으로 만든 백 바(Back Bar)와 함께 믹솔로지를 제공한다고 내세운다. 그러나 승려 옷을 입는다고 모두 승려가 되는 것이 아니듯이, 「진정한」 믹솔로지스트에게 중요한 것은 겉모습이 아니라 실력이다.

M
B

칵테일의 분류

예술적으로 보면 믹솔로지스트의 유일한 한계가 상상력이라고 할 만큼 수많은 칵테일이 있다.
그리고 이처럼 수많은 칵테일은 과학적으로 분류할 수 있다.
마치 같은 종류의 카드를 모으는 카드놀이처럼…….

쇼트 드링크

쇼트 드링크(Short Drink)는 칵테일을 용량에 따라 분류한 것이다. 이름에서 알 수 있듯이 쇼트 드링크는 아주 조금 희석하기 때문에 매우 강하고 양이 적다. 일반적으로 쇼트 드링크의 양은 60~120㎖이다. 순수성을 중시하는 사람들은 쇼트 드링크를 시음용 칵테일이라고 생각하는데, 잘 만든 쇼트 드링크는 다른 몇 가지 재료가 어우러져서 베이스가 되는 증류주의 맛을 강조하고 동시에 깔끔하게 정리해준다.

대표적인 쇼트 드링크는 올드 패션드, 맨해튼, 드라이 마티니 등이다.

롱 드링크

롱 드링크(Long Drink)는 140~200㎖ 용량의 연한 칵테일이다. 이 칵테일에서는 희석이 매우 중요한 역할을 하며, 산뜻하고 과일 풍미가 느껴지는 음료를 좋아하는 고객들이 주요 소비층이다. 롱 드링크의 경우 알코올 함유 여부를 판단하기 어렵기 때문에, 금주법을 시행하던 시기에 큰 인기를 누렸다. 일반적으로 롱 드링크에 속하는 칵테일은 크고 긴 잔에 서빙한다.

대표적인 롱 드링크는 테킬라 선라이즈, 톰 콜린스, 진피즈 등이다.

주요 분류

여기서 모든 칵테일을 소개할 수는 없지만 다음은 가장 많이 만나는 분류이다.

콜라다 COLADA

증류주 + 과일주스 + 코코넛 크림

1950년대 초 푸에르토리코에서 만든 분류.

방법_ 셰이커 또는 믹서
글라스_ 하이볼 글라스

대표 칵테일 **피냐 콜라다** PIÑA COLADA → p.169

콜린스 COLLINS

증류주 + 레몬주스 + 설탕 + 탄산수

1800년경 런던에서 바텐더 존 콜린스가 만든 분류.

방법_ 잔
글라스_ 하이볼 글라스

대표 칵테일 **톰 콜린스** TOM COLLINS → p.173

피즈 FIZZ

증류주 + 레몬주스 + 설탕

1870년경 미국에서 만든 분류.

방법_ 셰이커
글라스_ 하이볼 글라스

대표 칵테일 **진피즈** GIN FIZZ → p.159

플립 FLIP

증류주 또는 뱅 뮈테(Vin Muté, 브랜디를 넣어서 발효를 막은 와인) + 달걀 + 설탕 + 너트메그 파우더

1810년 영국에서 만든 분류.

방법_ 셰이커
글라스_ 와인 글라스

대표 칵테일 **포트 플립** PORT FLIP

하이볼 HIGHBALL

증류주 + 소다수(바로 잔에 따른 것)

1890년 뉴욕에서 만든 분류.

방법_ 잔
글라스_ 얼음을 넣은 하이볼 글라스

대표 칵테일 **쿠바 리브레** CUBA LIBRE → p.181

줄렙 JULEP

증류주 + 민트 + 설탕(또는 시럽)

18세기 미국에서 만든 분류.

방법_ 셰이커
글라스_ 크러시드 아이스를 넣은 금속잔

대표 칵테일 **민트 줄렙** MINT JULEP → p.164

펀치 PUNCH

증류주 + 레몬주스 + 물 + 설탕 + 과일주스
(가장 일반적인 형태)

17세기 바베이도스에서 만든 분류.

방법_ 잔
글라스_ 크러시드 아이스를 넣은 하이볼 글라스

대표 칵테일 **그린 비스트** GREEN BEAST → p.188

많은 양을 준비할 때는 펀치 볼을 사용하지만, 롱 드링크처럼 잔으로 직접 만들 수도 있다.

사워 SOUR

증류주 + 레몬주스 + 설탕 + 달걀흰자
(가장 일반적인 형태)

1750년 영국에서 만든 분류. 쇼트 드링크로 마신다.

방법_ 셰이커
글라스_ 올드 패션드 글라스

대표 칵테일 **위스키 사워** WHISKY SOUR → p.176

토디 TODDY

증류주 + 뜨거운 물 + 설탕 + 얇게 썬 레몬 + 향신료

18세기 중반 영국령 서인도 제도에서 만든 분류.

방법_ 잔
글라스_ 토디 글라스

대표 칵테일 **아이리시 파이 토디** IRISH PIE TODDY

덜 알려진 분류

코블러(Cobbler), 에그노그(Egg Nog), 콘소트(Consort) 같은 칵테일의 경우 조금 생소할 수 있다.
칵테일에는 20가지가 넘는 분류가 있으며, 예전에 유행하던 칵테일이 다시 인기를 얻거나
믹솔로지스트의 상상력에 의해 재탄생하기도 한다.

벅 BUCK

증류주 + 레몬주스 + 진저에일 + 레몬제스트

20세기 초 런던에서 만든 분류.

방법_ 잔
글라스_ 올드 패션드 글라스

대표 칵테일 **진 벅** GIN BUCK

코블러 COBBLER

증류주 또는 와인 + 설탕 + 제철과일(장식용)

19세기 초 미국에서 만든 분류.

방법_ 잔
글라스_ 올드 패션드 글라스

대표 칵테일 **셰리 코블러** SHERRY COBBLER

쿨러 COOLER

증류주 + 진저에일 + 설탕

19세기 말 미국에서 만든 분류.

방법_ 잔
글라스_ 얼음을 넣은 하이볼 글라스

대표 칵테일 **리치 쿨러** LITCHI COOLER

데이지 DAISY

증류주 + 레몬주스 + 설탕 + 큐라소 + 탄산수

1870년경 미국에서 만든 분류.

방법_ 잔
글라스_ 하이볼 글라스

대표 칵테일 **브랜디 데이지** BRANDY DAISY

에그노그 EGG NOG

증류주 + 달걀노른자 + 우유 + 설탕

18세기 말 미국에서 만든 분류.

방법_ 셰이커
글라스_ 하이볼 글라스

대표 칵테일 **텍사스 팜 노그** TEXAS FARM NOG

퍼프 PUFF

증류주 + 우유 + 설탕 + 탄산수

19세기 말 미국에서 만든 분류.

방법_ 잔
글라스_ 얼음을 넣은 하이볼 글라스

대표 칵테일 **크림 퍼프** CREAM PUFF

리키 RICKEY

증류주 + 라임 + 탄산수

1900년경 미국에서 만든 분류.

방법_ 잔
글라스_ 얼음을 넣은 하이볼 글라스

대표 칵테일 **진 리키** GIN RICKEY

푸스 카페

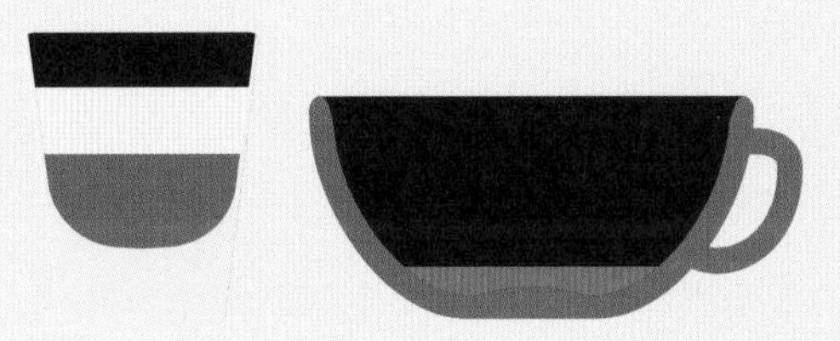

비록 지금은 「슈터(Shooter) 칵테일」이라고 부르는 경우가 더 많지만, 푸스 카페(Pousse-Café)는 프랑스에서 유래된(확실하지는 않다) 칵테일 분류이다. 기본 원리는 각각의 증류주와 리큐어를 섞이지 않게 겹쳐서 쌓는 것이다. 한편, 푸스 카페는 식후에 커피를 마신 뒤에 작은 잔으로 마시는 술을 의미하기도 하므로 혼동하지 않도록 주의한다.

믹솔로지의 역사

칵테일의 세계를 이해하는 데 필요한 주요 사건이다.

1856

출판물에서 「믹솔로지스트」라는 단어가 처음으로 출현

1800

민트 줄렙(Mint Julep) 탄생

1870

토마스 H. 핸디(Thomas H. Handy)에 의해
사제락(Sazerac) 탄생

1690년경

펀치(Punch) 탄생

1862

제리 토마스가 최초의 칵테일 관련 서적
『바텐더 가이드』 출판

1824

앙고스투라(Angustura) 탄생

1860-1919

칵테일의 첫 번째 황금기

1750년경

영국 해군에 의해 그로그(Grog) 탄생

1850

제리 토마스에 의해
블루 블레이저(Blue Blazer) 탄생

1862

돈 파쿤도 바카디 마소(Don Facundo Bacardí
Massó)에 의해 바카디(Bacardí) 탄생

1806

해리 크로스웰(Harry Croswell)이
처음으로 칵테일을 정의

1850

제임스 핌(James Pimm)에 의해 핌스 컵(Pimm's Cup) 탄생

1882

해리 존슨(Harry Johnson)이 『바텐더 매뉴얼(Bartenders' manual)』을 출판

1940

블러디 메리(Bloody Mary) 탄생

1884

맨해튼(Manhattan) 탄생

1919 - 1933

미국의 금주법 시대

1998

에스프레소 마티니(Espresso Martini) 탄생

1935

쿠바 리브레(Cuba Libre) 탄생

1911

파리에 「해리스 뉴욕 바(Harry's New York Bar)」 오픈

1943

아이리시 커피(Irish Coffee) 탄생

2010년~

칵테일의 두 번째 황금기

1920

모히토(Mojito) 탄생

1951

국제 바텐더 협회(International Bartenders Association) 설립

1900

1950

2000

1898

다이키리(Daiquiri) 탄생

1940

좀비(Zombie) 탄생

1988

톰 크루즈 주연의 영화 〈칵테일〉 개봉

1920

네그로니(Negroni) 탄생

1957

뉴욕 타임즈(New York Times)에 모히토(Mojito) 레시피 게재

1900

올드 패션드(Old Fashioned) 탄생

1941

모스코 뮬(Moscow Mule) 탄생

1904

블랑 카시스 (Blanc-Cassis) 탄생, 이후 1951년에 키르(Kir)로 바뀜

1944

마이 타이(Mai Tai) 탄생

1999

브렉퍼스트 마티니(Breakfast Martini) 탄생

1950

피냐 콜라다(Piña Colada) 탄생

가장 오래된 믹솔로지 책

지금은 칵테일 레시피를 쉽게 구할 수 있지만 과거에는 훨씬 어려웠다.
또한 그 당시의 칵테일은 지금 현대인의 입맛에는 맞지 않았다.

제리 토마스

뉴욕 태생의 제리 토마스(Jerry Thomas)는 어린 나이에 돈의 매력에 빠졌다. 바텐더로 일하면서 금을 캐기 위해 미대륙을 횡단하여 캘리포니아로 갔지만 큰 성공을 거두지 못했다.

21살에 다시 뉴욕으로 돌아온 그는 「바넘 박물관(Barnum's American Museum)」 지하에 자신의 바를 열었다. 그의 테크닉과 제스처는 매우 뛰어났으며, 은으로 된 그의 도구는 사람들의 이목을 끌었고, 화려한 의상은 화제가 되었다. 이때 그는 자신도 모르는 사이에 이른바 「플레어(Flair)」라고 부르는 곡예에 가까운 놀라운 칵테일 기술을 개발했고, 미국과 유럽을 돌며 이 기술을 선보여서 인정을 받았다. 당시에 그는 주급으로 100달러 이상을 벌었는데, 이는 미국 부통령의 급여보다도 많은 액수였다.

최초의 칵테일 책

1862년 31살이 된 제리 토마스는 『바텐더 가이드(『How To Mix Drinks Or The Bon-Vivant's Companion』라고도 한다)』를 출판한다. 미국 역사상 처음으로 술을 다룬 이 책에서는 역사적인 칵테일(펀치, 사워 등)과 제리 토마스가 만든 칵테일의 레시피를 소개하였고, 1888년에는 개정판이 출간되었다.

그러나 무엇보다도 제리 토마스는 새로운 테크닉과 칵테일의 창시자였다. 그가 만든 칵테일 중 가장 유명한 것으로 「블루 블레이저(Blue Blazer)」를 꼽을 수 있는데, 불이 붙은 위스키를 하나의 잔에서 다른 잔으로 옮겨가며 불의 아치를 만드는 광경을 볼 수 있는 칵테일이다. 전설에 의하면 「나의 위까지 떨게 만들 신의 불을 주시오!」라고 외치며 바에 들어오는 손님도 있었다고 한다.

『바텐더 가이드』에 나온 칵테일 레시피(1862년판)

소테른 코블러 (Sauternes Cobbler)

- 설탕 1ts
- 물 1TS
- 소테른 2잔(와인 글라스)

일본 칵테일 (Japanese Cocktail)

- 아몬드 시럽 1TS
- 보커스 비터스 1/2ts
- 브랜디 1잔(와인 글라스)
- 레몬제스트 1~2조각

그림이 있는 최초의 칵테일 입문서

최초로 그림이 들어간 칵테일 책은 1882년 해리 존슨(Harry Johnson)이 쓴 『바텐더 매뉴얼』이다.

세계 와인 & 증류주 박물관의 소중한 자원

만일 칵테일에 대해 더 많이 알아보고, 독창적인 레시피를 더 찾고 싶다면 세계 와인&증류주 박물관(Euvs, Exposition Universelle Des Vins Et Spiritueux) 홈페이지를 방문하면 다른 곳에서는 쉽게 볼 수 없는 칵테일 관련 고서를 열람할 수 있다. 박물관의 홈페이지 주소는 다음과 같다.
Http://Euvs.org/En/Collection/Books

바리아나가 되자

생소한 단어인가? 바리아나(Bariana)는 책뿐 아니라 칵테일 바와 관련된 모든 것을 수집하는 사람을 가리키는 단어이다. 이 용어는 루이 푸케(Louis Fouquet)가 칵테일 바에 대한 책을 쓰면서 만들었다.
믹솔로지에 대한 책은 시대에 따라 크게 금주법 이전(미국에서 출판), 금주법 시대(유럽에서 출판. 이 시기에는 대부분의 바텐더들이 생업을 위해 대서양을 건넜다), 그리고 금주법 이후(저자들이 주류 밀매업을 하던 금주법 시대의 레시피를 공개)에 출판된 것으로 나뉜다.
이런 책을 구하는 가장 좋은 방법은 이베이(온라인 경매), 벼룩시장, 중고서점 등을 통해서이다. 그러나 사기를 당하지 않도록 주의한다. 실제로 복사본을 엄청난 고가에 판매하는 경우도 있다.

프랑스에서는

프랑스 사람들은 1867년 파리세계박람회에서 칵테일을 접했지만, 칵테일 책은 에밀리 르페브르(Émile Lefeuvre)가 『내 손으로 미국 술을 만드는 방법(Méthode Pour Composer Soi-Même Les Boissons Américaines)』을 쓴 1889년에야 출판되었다. 그 뒤 「막심(Maxim's, 1893)」, 「푸케(Fouquet's, 1899)」, 「해리스 뉴욕 바(Harry's New York Bar, 1911)」와 같은 전설적인 칵테일 바가 파리에 생겨났다.

소장 가치가 있는 칵테일 책

- 『The Bar-Tender's Guide』, Jerry Thomas, 1862
- 『Harry Johnson's Bartenders' Manual』, Harry Johnson, 1882
- 『The Savoy Cocktail Book』, Harry Craddock, 1930
- 『The Old Waldorf - Astoria Bar Book』, A. S. Crockett, 1934
- 『The Gentleman's Companion』, Charles Baker, 1939
- 『Trader Vic's Book of Food and Drink(최초의 티키 서적)』, Victor Bergeron, 1946

세계의 믹솔로지

칵테일 역사와 보다 밀접한 관련이 있는 지역도 있지만, 오늘날 믹솔로지는 세계적으로 주목받는 분야이다. 몇몇 지역에서는 열광적인 사랑을 받고 세계적으로도 널리 알려진 레시피를 갖고 있다.

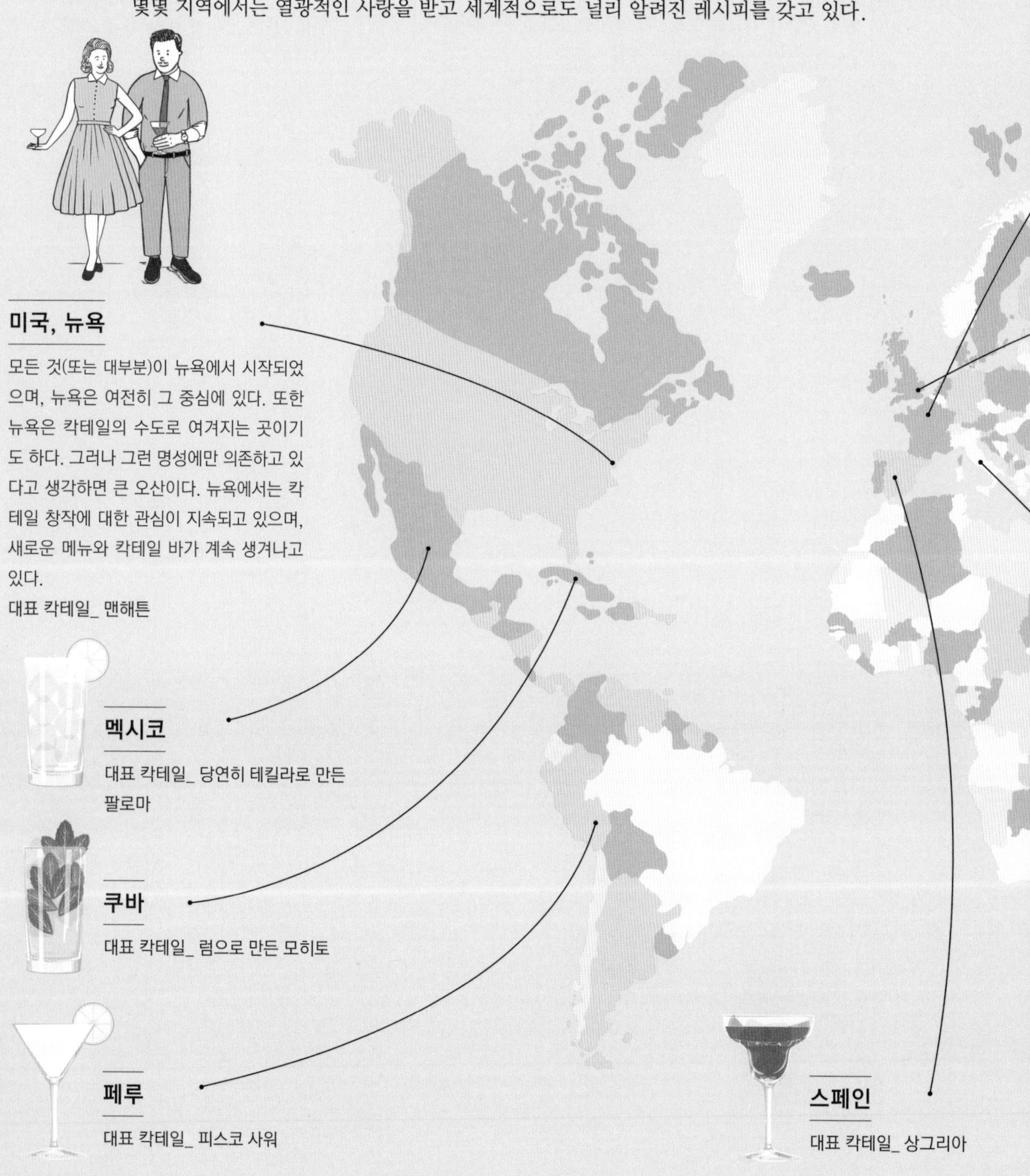

미국, 뉴욕

모든 것(또는 대부분)이 뉴욕에서 시작되었으며, 뉴욕은 여전히 그 중심에 있다. 또한 뉴욕은 칵테일의 수도로 여겨지는 곳이기도 하다. 그러나 그런 명성에만 의존하고 있다고 생각하면 큰 오산이다. 뉴욕에서는 칵테일 창작에 대한 관심이 지속되고 있으며, 새로운 메뉴와 칵테일 바가 계속 생겨나고 있다.
대표 칵테일_ 맨해튼

멕시코

대표 칵테일_ 당연히 테킬라로 만든 팔로마

쿠바

대표 칵테일_ 럼으로 만든 모히토

페루

대표 칵테일_ 피스코 사워

스페인

대표 칵테일_ 상그리아

프랑스

프랑스에서는 20세기 초에 미국식 술인 칵테일이 유행하긴 했지만, 그 인기가 다시 부활하기까지는 오랜 시간이 걸렸다. 그러나 현재는 공급량도 많고, 칵테일 수준 역시 상당히 뛰어나며, 세계에서 가장 훌륭한 칵테일 바 리스트에서 프랑스의 칵테일 바 이름을 찾아 볼 수 있을 뿐 아니라, 프랑스의 믹솔로지스트들이 국제대회에서 우승을 차지하는 모습도 심심찮게 볼 수 있다.

대표 칵테일_ 디종산 크램 드 카시스로 만든 키르 로얄

프랑스의 지방에서는?

믹솔로지가 파리에 잘 정착하기는 했지만, 프랑스의 믹솔로지가 파리에만 국한된 것이라고 생각해서는 안 된다. 몽펠리에, 보르도, 리옹, 마르세유 같은 도시의 칵테일 바는 수준이 매우 높아서 파리의 바와 비교해도 손색이 없다.

영국, 런던

19세기 후반 미국이 번성하던 이 시기에 많은 미국인들이 가장 좋아했던 도시는 영국의 런던이었다. 그런 이유로 다양한 칵테일 종류를 자랑하던 미국의 칵테일 바가 영국에서도 번창하게 된다. 그 이름도 유명한 「사보이(Savoy)」는 현재까지도 런던 칵테일계의 산 증인으로 중심적인 역할을 하고 있다.

대표 칵테일_ 핌스 컵

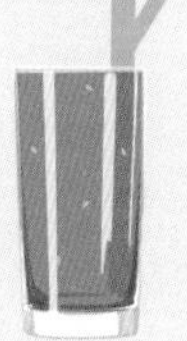

일본

대표 칵테일_ 와사비, 간장, 맛술을 넣은 일본식 블러디 메리

한국

대표 칵테일_ 소주, 라임주스, 수박 주스로 만든 수박 소주

이탈리아

대표 칵테일_ 아페롤 스프리츠

싱가포르

대표 칵테일_ 싱가포르 슬링

꼭 필요한 칵테일 도구

칵테일을 만들기 전에 먼저 중요한 것은 좋은 도구를 선택하는 것이다.
「좋은 도구가 좋은 일꾼을 만든다」는 말도 있고, 그게 아니더라도 적어도 노력은 하는 셈이니까.
칵테일을 만들 때 반드시 필요한 도구를 살펴보자.

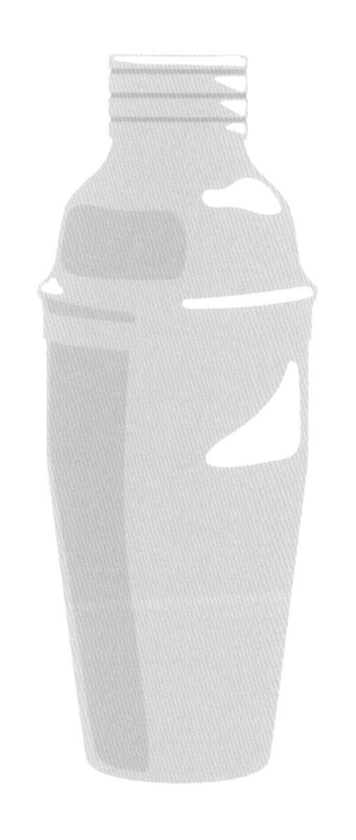

셰이커

셰이커(Shaker)는 음료를 섞으면서 차갑게 식히는 도구로, 당연히 얼음을 넣어 사용한다. 보스턴, 프렌치, 코블러 등 여러 종류의 셰이커가 있는데, 여과기인 스트레이너가 포함된 코블러 셰이커가 가장 사용하기 편하다.
대용품_ 밀폐 가능한 병

지거

지거(Jigger, 계량용 컵)는 모든 칵테일을 만들 때 유용한 도구이다. 칼 없는 요리사를 상상하기 힘든 것처럼, 지거 없는 믹솔로지스트 역시 상상할 수 없다. 일반적으로 바텐더는 정확한 계량에 도움이 되는 더블 지거를 사용한다. 용량이 큰 컵과 작은 컵으로 이루어져 있다. 단, 용량은 나라마다 차이가 있으므로 주의한다. 프랑스에서는 일반적으로 20㎖, 40㎖ 용량의 제품을 주로 사용한다.
대용품_ 샷 글라스 또는 술병 뚜껑

믹싱 글라스

셰이커와 마찬가지로 믹싱 글라스(Mixing Glass)도 칵테일 재료를 섞고 차갑게 식히는 데 사용한다. 냉각이나 희석의 정도를 좀 더 섬세하게 조절할 수 있으며, 주로 주류만으로 만드는 칵테일이나 얼음과 함께 셰이킹한 뒤 얼음을 걸러내고 마시는 스트레이트 업 스타일의 칵테일을 만들 때 사용한다.
대용품_ 보스턴 셰이커의 유리컵 부분

바 스푼

가늘고 긴 바 스푼(Bar Spoon)의 양쪽 끝부분은 각각 다른 용도가 있다. 「스푼」 부분은 액체를 계량하고(용량 5㎖) 칵테일 잔이나 믹싱 글라스로 칵테일을 만들 때 사용하며, 머들러 부분은 설탕이나 민트잎을 으깰 때 사용한다. 경험이 풍부한 사람은 칵테일에 「층」을 만들 때 바 스푼을 이용하기도 한다. 긴 손잡이 아래로 술을 흘려 넣으면서 각각의 재료가 섞이지 않도록 한 층씩 쌓아올리는 것이다. 결과물은 멋지지만 상당한 연습이 필요하다.

스퀴저

시중에서 판매하는 감귤류 주스를 사용해도 되지만 갓 짜낸 주스와는 풍미가 확연히 다르다. 스퀴저(Squeezer)로 짠 주스는 깨끗한 용기에 넣어 차갑게 보관하고, 사용한 스퀴저는 바로 세척한다.

스트레이너

과일 씨나 허브가 남아 있는 칵테일을 마시는 것처럼 불쾌한 일은 없을 것이다. 스트레이너(Strainer)는 여러 종류(줄렙, 호손, 거름망)가 있으며, 만일 코블러 셰이커를 사용한다면 거름망이 가장 유용하다.

머들러

머들러(Muddler)는 나무나 플라스틱으로 만든 것으로, 요리용 머들러보다 크고 허브잎이나 과일 또는 잔 밑에 가라앉은 설탕을 으깨서 향을 끌어내는 데 사용한다. 힘을 너무 세게 주면 잔이 깨질 수도 있고, 허브를 지나치게 짓이기면 쓴맛이 강해지므로 주의한다.

도마와 칼

과일을 자르고 껍질을 벗길 수 있는 작고 날카로운 칼과, 사용한 뒤 바로 세척하는 깨끗한 도마가 필요하다. 필러를 사용하면 더 편하고 안전하게 껍질을 벗길 수 있다.

칵테일 글라스

좋아하는 칵테일을 만든다고 생각해보자. 최고의 재료를 골라서 세심하게 계량할 것이다.
그리고 그에 못지않게 칵테일 글라스도 신중하게 선택해야 한다.
어떤 잔에 담느냐에 따라 전혀 다른 칵테일이 될 수 있다.

잔의 역할

칵테일 잔은 단순한 그릇 이상의 기능이 있다.

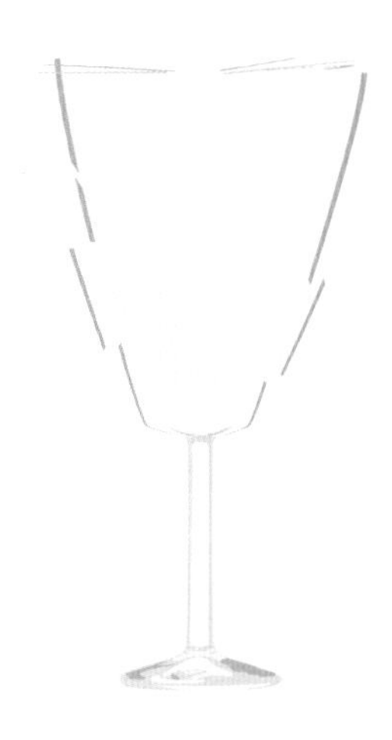

시각적 효과

칵테일과의 첫 만남은 시각을 통해 이루어진다. 깨끗하고 적당히 차가운 상태의 아름다운 칵테일 글라스는, 칵테일 시음의 모든 단계를 천천히 즐기고 싶은 마음을 불러일으킨다.

용량

쇼트 드링크를 롱 드링크용 잔에 부으면 칵테일이 반밖에 채워지지 않은 느낌이 든다. 반대로 롱 드링크를 지나치게 작은 잔에 담는 것도 불가능한 일이다.

용도

절대로 플루트 글라스로 모히토를 만들어서는 안 된다. 민트잎을 으깨기 위해 머들러로 아주 조금만 힘을 주어도 잔이 바로 깨져버리기 때문이다. 일부 칵테일은 잔으로 직접 만들게 되어 있는 만큼 칵테일 잔 역시 단순히 시음용이 아닌, 진정한 칵테일 제조 도구이다.

유일한 한계는 상상력?

속을 파낸 과일, 조개껍질, 시험관, 믹싱볼 등 모든 것을 칵테일 잔으로 사용할 수 있다. 하지만 여러분이 손님들에게 선사하고자 하는 경험과 관련이 있고 의미가 있어야 한다. 또한 무엇보다 칵테일 잔은 칵테일을 돋보이게 해줘야 한다는 점을 잊지 말자.

꼭 필요한 칵테일 글라스

올드 패션드 글라스(또는 록스)

얼음과 함께 내는 쇼트 드링크의 동반자. 록스라는 이름은 영어의 「온더록스(On The Rocks)」에서 유래되었다.

칵테일

네그로니

김렛

화이트 러시안

그리고 당연히 올드 패션드

하이볼 글라스

이 잔의 이름은 하이볼 분류에 속하는 칵테일에서 유래되었다. 얼음을 2/3 정도(크러시드 아이스라면 가득) 채우고 소다수를 첨가할 수 있는 형태이다.

칵테일

블러디 메리

진피즈

쿠바 리브레

꼭 필요한 칵테일 글라스

마티니 글라스

마티니 글라스는 대표적인 칵테일 잔으로, 대부분의 사람들은 칵테일 잔이라고 하면 가장 먼저 마티니 글라스를 떠올린다. 잔의 다리(스템)를 잡으면 손의 온기에 의해 칵테일이 미지근해지는 것을 막을 수 있고, 원뿔 모양의 몸통은 향을 끌어올리는 역할을 한다. 이 잔은 얼음 없이 마시는 쇼트 드링크에 적합하다.

칵테일

드라이 마티니

코스모폴리탄

맨해튼

플루트 글라스

플루트 글라스는 스파클링 와인(크레망, 프로세코, 샴페인 등)을 베이스로 만든 칵테일을 마실 때 주로 사용한다. 가늘고 긴 모양이 칵테일의 기포를 아름답게 보여준다. 잔 바닥에 다이아몬드 형태로 홈이 있으면 기포가 더 많이 생기면서 잔의 중앙으로 올라온다. 플루트 글라스에는 절대로 얼음을 넣어서는 안 되며, 대신 사용하기 전에 10분 정도 냉동실에 넣어 차갑게 칠링한다.

칵테일

벨리니

키르 로얄

프렌치 75

꼭 필요한 칵테일 글라스

와인 글라스

와인 글라스를 칵테일용으로 사용할 수 있다. 셰리 코블러 같은 칵테일에 사용하거나 롱 드링크에 우아함을 더할 수 있다.

칵테일

스프리츠

키르

에그노그

샷 글라스

샷 글라스는 다른 것을 섞지 않은 적은 양의 술(예를 들면 차가운 보드카) 또는 강한 칵테일을 마시기에 좋은 잔이다. 샷이라는 이름은 「한 방」이라는 의미로, 보통 샷 글라스에 담겨 있는 술은 한 입에 털어 넣는다는 점에서 잘 어울린다.

칵테일

B-52

테킬라 샷

독창적인 칵테일 글라스

마르가리타 글라스

마르가리타 글라스는 2단으로 되어 있어서 쉽게 알아볼 수 있다. 얼음(거칠게 간 것)을 넣거나 얼음 없이 사용한다. 이 잔의 유래는 상당히 이색적인데, 멕시코시티에서 잘못 만든 불량 콜라병을 보고 착안하여 만든 잔이라고 한다.

칵테일

마르가리타
블루 오션
캑터스 잭

허리케인 글라스

예전에 허리케인 램프라고 부르던 석유 램프에서 이름을 딴 우아한 모양의 잔이다. 이름에 대해서는 1940년대에 티키 칵테일에서 비롯되었다는 이야기도 있지만, 한 가지 확실한 것은 이 잔이 이국적이고 색깔이 화려한 칵테일과 관련이 깊다는 것이다.

칵테일

피냐 콜라다
허리케인
섹스 온 더 비치

독창적인 칵테일 글라스

티키 머그

일반적으로 세라믹으로 만들며, 폴리네시아의 신이 그려져 있는 잔이나 넓은 의미에서는 열대풍으로 장식된 잔도 티키 머그에 포함시킨다. 티키 칵테일을 마실 때 사용하는 잔으로 1930년대에 미국에서 탄생했다.

칵테일

좀비

마이 타이

금속잔

양철이나 구리로 만든 큰 잔은 표면에 이슬이 맺혀 칵테일의 시원함을 증명해준다. 또한 레몬과 구리가 만나면 화학 반응을 일으키며, 레몬은 구리의 녹을 없애는 데 도움이 된다.

칵테일

민트 줄렙

모스코 뮬

독창적인 칵테일 글라스

텀블러 또는 콜린스 글라스

하이볼 글라스의 변형 형태로 하이볼 글라스보다 조금 더 긴 이 잔은 주로 콜린스 분류의 칵테일을 마실 때 사용한다. 모양, 무늬, 색깔은 매우 다양하다. 「하이볼 글라스」라고 부르는 경우가 많은데, 콜린스 분류에 속하는 칵테일을 하이볼 글라스에 담아내는 경우가 많아서 이러한 혼동이 계속되고 있다.

칵테일

톰 콜린스

피에르 콜린스

콜로넬 콜린스

토디 글라스

이 잔은 따뜻한 칵테일을 마실 때 사용하며 형태와 소재는 다양하다. 여러 가지 토디 글라스의 유일한 공통점은 액체의 뜨거운 온도를 견딜 수 있게 만들었다는 점이다.

칵테일

아이리시 커피

멕시칸 티

핫 토디

NICO DE SOTO
니코 데 소토

이색적인 프로필을 가진 니코 데 소토는 직업을 잘못 선택했다는 것을 깨닫기 전까지는 컴퓨터 공학 분야에 몸담고 있었다. 많은 여행을 한 뒤 칵테일에 관심을 갖게 된 그는, 믹솔로지 관련 서적을 읽고 연습해서 독학으로 바텐더가 되었다. 파리, 런던, 뉴욕이 그의 주요 활동 무대가 되었으며, 2014년에는 「칵테일 스피리츠 파리(Cocktails Spirits Paris)」에서 가장 영향력 있는 바텐더로 선정되었다. 이듬해에는 뉴욕에 그의 첫 칵테일 바인 「메이스(Mace)」를 오픈했고, 2016년에는 프랑스의 파리 2구에 위치한 갤러리 비비엔에 자신의 두 번째 바인 「다니코(Danico)」를 오픈했다.

대표 칵테일

L'ALLIGATOR C'EST VERT
악어는 초록색

페르노 압생트 25㎖ • 판다누스 시럽 25㎖
코코넛 밀크 25㎖ • 달걀 1개 • 너트메그 간 것

너트메그를 제외한 모든 재료를 셰이커에 넣는다. 먼저 얼음 없이 드라이 셰이킹한 뒤 얼음을 넣는다. 스트레이너로 2번 거른 뒤 간 너트메그를 뿌린다.

• 판다누스 시럽 만들기_ 심플 시럽 1ℓ에 판다누스(열대성 상록 교목) 잎 16장을 잘라서 넣고 섞는다. 여기에 판다누스 농축액 6방울과 소금 2g을 넣고 거즈로 거른다.

칵테일, 어떻게 만들까?

상대를 제압할 기술을 마스터하지 않고

무술 대결에 나서는 사람은 없다.

믹솔로지에서도 마찬가지이다.

시간을 들여 기본적인 규칙과 테크닉을 익혀야,

자랑스럽게 선보일 칵테일을 만들 수 있다.

칵테일의 맛

도구를 갖추었으면 칵테일을 만들 준비는 마친 셈이다.
지금부터 시작할 것은 맛을 이해하고 분석하는 작업이다.

이름

가장 먼저 마주하는 것이 칵테일의 이름이다. 이름은 괴로운 느낌을 주는 나쁜 기억을 떠올리게 할 수도 있고, 긍정적인 느낌을 주는 좋은 기억을 떠올리게 할 수도 있다.

입맛은 경험의 산물

입맛은 교육과 문화적 배경의 영향을 받는다. 당신의 미각이 불러일으키는 감정은 다른 사람과 다를 수 있다. 모든 것은 체험으로 형성되며 체험할 때의 분위기가 결정적인 역할을 한다. 재미있는 접근, 색깔, 모양, 또는 질감과 관련된 놀이를 통해 상상력은 단절되지 않고 새롭게 발전한다.

시간의 예술

인간의 욕구는 시간에 따라 달라진다. 브런치, 식전, 저녁식사, 식후 등 때에 따라 어울리는 칵테일이 있다.

재료의 품질

집에서 키운 토마토가 「대량 생산」된 토마토보다 훨씬 풍부한 맛을 자랑하는 것에서도 알 수 있듯이, 재료의 선택은 매우 중요하다. 무엇보다 「어차피 섞을 테니까 질이 조금 떨어지는 재료를 넣어도 될 거야」라는 생각은 절대 금물이다. 끔찍한 결과물이 나올 것이다. 좋은 재료를 쓴다고 반드시 훌륭한 믹솔로지스트가 되지는 않지만, 어떤 경우에도 반드시 지켜야할 기본은 분명히 존재한다.

균형

줄타기 곡예사와 마찬가지로 믹솔로지스트는 궁극의 균형을 추구한다. 베이스, 개선제, 첨가제(P.43 참조)는 칵테일의 색깔, 강도뿐 아니라 텍스처에도 영향을 미친다. 예를 들어 칵테일을 만드는 과정에서 균형을 맞추지 못하고 실수를 하면, 원래 의도했던 크리미한 텍스처가 아니라 걸쭉한 액체를 얻게 된다.

새로운 칵테일의 세계

바로 이 시점에서 믹솔로지스트의 경험이 작용한다. 작가가 자신의 경험을 기반으로 작품을 집필하듯이, 믹솔로지스트 역시 자신의 경험을 바탕으로 새로운 맛의 칵테일을 창조한다. 믹솔로지스트가 새로운 맛의 칵테일을 만드는 이유는 맛의 즐거움을 선사하는 것은 물론, 기존 칵테일의 틀을 깨기 위해서이다. 위스키를 좋아하지 않는다고? 믹솔로지스트는 새로운 칵테일을 통해 당신이 위스키를 좋아하게 되는 것을 보며 기쁨을 느낀다. 메즈칼(Mezcal)을 모른다고? 믹솔로지스트에게는 마찬가지로 도전이다.

풍미의 조합

칵테일의 매력은 얼핏 봐서는 전혀 어울릴 것 같지 않은 재료들이 어우러져 만들어내는 섬세한 풍미의 조합에 있다. 하지만 안타깝게도 이를 위해서는 연습, 또 연습, 끊임없는 연습이 필요하다. 마법의 비율이란 없다.

최적의 온도를 찾아서

난방이 되지 않는 고속열차 안에 앉아 있거나, 식당에서 바로 등 뒤에 벽난로가 있다면 기분이 썩 좋지 않을 것이다. 칵테일을 마실 때도 마찬가지이다. 적합한 온도의 칵테일을 서빙하는 것도 중요하지만, 필요에 따라 재료를 시원하게 보관하는 것도 중요하다. 잔의 온도 역시 칵테일의 맛에서 중요한 역할을 한다.

나만의 홈바 꾸미기

우리는 모두 아메리칸 스타일의 홈 칵테일 바를 꿈꾼다. 그러나 그렇게까지 할 필요는 없다. 언제나 손이 닿을 수 있는 곳에 심사숙고해서 선택한 술을 몇 병 놓는 것만으로도 얼마든지 칵테일의 제왕이 될 수 있다.

가격은 어느 정도가 좋을까?

칵테일에 대해 잘못 알려진 생각 중 하나는 바로 값싼 술을 사용해도 된다는 것이다. 술은 칵테일의 기본인 만큼, 심각한 결과를 초래할 수 있다. 때문에 칵테일 재료는 신중하게 선택해야 하며, 질이 낮은 재료는 안 좋은 결과를 가져온다. 정해진 기준은 없지만, 보통은 750㎖ 1병에 15유로 이하의 값싼 주류는 피하는 것이 좋다.

어떤 술을 고를까?

대부분의 칵테일을 만들 때 다음의 술이 매우 유용하다. 이 리스트는 취향에 따라 얼마든지 수정할 수 있다.

보드카(Vodka)

감자, 밀 또는 당이나 전분이 포함된 다른 재료로 만든 증류주.

알코올 도수_ 40%

대표 브랜드_ 앱솔루트(Absolut), 케텔 원(Ketel One), 그레이 구스(Grey Goose) 등.

럼(Rhum)

당밀이나 사탕수수의 즙을 발효시킨 증류주. 푸에르토리코, 쿠바, 자메이카 럼 외에 아그리콜 럼(Agricole Rhum) 등 여러 가지가 있다.

알코올 도수_ 최소 40%

대표 브랜드_ 하바나 클럽(Havana Club), 바카디(Bacardí) 등.

진(Gin)

주로 곡물을 증류해서 만든 술. 주니퍼 베리나 다른 향신료로 향을 낸 무색투명한 술.

알코올 도수_ 최소 37.5%

대표 브랜드_ 헨드릭스(Hendrick's), 탄카레이(Tanqueray), 시타델(Citadelle) 등.

버번(Bourbon)

옥수수의 비중이 가장 높은 혼합 곡물로 만든 증류주로 미국에서만 생산된다.

알코올 도수_ 최소 40%

대표 브랜드_ 불렛(Bulleit), 짐 빔(Jim Beam) 등.

스카치 위스키(Scotch Whisky)

보리 맥아를 사용하여 최소 3년 동안 나무통에서 숙성시킨 증류주로, 스코틀랜드에서만 생산된다. 블렌디드와 싱글 몰트가 있다.

알코올 도수_ 최소 40%

대표 브랜드_ 조니 워커(Johnnie Walker), 몽키 숄더(Monkey Shoulder) 등.

트리플 섹(Triple-Sec)

달콤 쌉싸름한 오렌지껍질을 3번 증류해서 만든 리큐어.
알코올 도수_ 40%
대표 브랜드_ 쿠앵트로(Cointreau), 콤비에르(Combier) 등.

베르무트(Vermouth)

허브로 향을 내고 캐러멜로 색을 낸(레드의 경우) 와인 베이스의 식전주.
알코올 도수_ 14.5~22%
대표 브랜드_ 마티니(Martini), 노일리 프랏(Noilly Prat) 등.

칼바도스(Calvados)

사과와 배로 만든 술을 증류해서 만든 노르망디 지방의 브랜디.
알코올 도수_ 최소 40%
대표 브랜드_ 크리스티앙 드루엥(Christian Drouin).

코냑(Cognac)

「브랜디(Brandy)」라는 이름으로도 알려진 이 술은 프랑스의 샤랑트 지역에서 생산되며, 화이트와인을 2번 증류한 뒤 큰 오크통에 넣어 최소 2년 반 이상 숙성시킨다.
알코올 도수_ 최소 40%
대표 브랜드_ 레미 마르탱(Rémy Martin), 마르텔(Martell) 등.

테킬라(Tequila)

아가베(용설란)로 만든 증류주. 바로 병입한 블랑코(Blanco), 숙성시켜서 만든 레포사도(Reposado), 아녜호(Añejo) 등이 있다.
알코올 도수_ 35~55%
대표 브랜드_ 호세 쿠에르보(Jose Cuervo), 패트론(Patron) 등.

압생트(Absinthe)

「녹색 요정(Fée Verte)」 또는 「푸른 요정(Fée Bleue)」이라는 별명을 가진 증류주.
알코올 도수_ 40~90%
대표 브랜드_ 페르노(Pernod), 뷰 퐁타를리에(Vieux Pontarlier) 등.

캄파리(Campari)

과일, 향신료, 식물 뿌리 추출물 등으로 만든, 붉은색을 띤 매우 쓴맛의 이탈리아 리큐어.
알코올 도수_ 25%

샤르트뢰즈 그린 (Chartreuse Green)

130여 종 이상의 식물과 꽃을 사용해서 향을 낸 리큐어.
알코올 도수_ 55%

다른 술로 대신해도 될까?

럼이 없어서 대신 같은 색깔의 보드카를 사용해서 칵테일을 만든다면 실패할 가능성이 매우 높다. 그 이유는 바로 각각의 술은 자신만의 독특한 향을 갖고 있기 때문이다. 물론 예외도 있다. 위스키 사워를 만들 때는 위스키 대신 럼이나 피스코를 사용할 수 있다.

바의 관리

당신의 바는 완벽하게 준비되었다. 그리고 이제 가장 어려운 일이 남았다. 바로 바를 관리하고 술을 저장하고 보관하기 좋은 환경으로 만드는 것이다.

보관

와인 병은 눕혀서 보관하지만 증류주 병은 절대로 눕혀서 보관하면 안 된다. 와인보다 더 센 술은 코르크 마개를 상하게 할 위험이 있기 때문이다.

너무 덥지도 너무 춥지도 않게

술병은 너무 덥지도 춥지도 않은 장소에 햇빛을 피해서 보관한다. 벽난로 위에 술병을 나란히 올려두면 사진은 보기 좋게 나오겠지만, 증류주 색깔이 변할 위험이 있다. 더 심한 경우 향의 일부 또는 전부를 잃을 수도 있다.

병마개는 버리지 않는다

보조 병마개인 포우러(Pourer)를 사용하는 것은 매우 좋은 방법이다. 하지만 칵테일 주조가 끝나면 바로 다시 원래의 마개로 닫아놓아야 하는 것을 잊지 말자.

술이 얼마나 남았는지 살핀다

병 안에 술이 1/3 이하로 남아 있을 경우, 가장 좋은 해결책은 남은 술을 작은 병에 옮겨 담는 것이다. 이렇게 하면 술과 접촉하는 산소의 양을 줄일 수 있다.

작은 용량을 선택한다

칵테일용으로 몇 방울만 필요한 술이라면 굳이 750㎖ 용량의 큰 병을 살 필요가 없다. 가장 좋은 방법은 375㎖ 용량의 하프 보틀을 사는 것이다. 이런 방법으로 당신의 칵테일 바를 더욱 원활하게 관리할 수 있다.

정기적으로 술병을 닦는다

술병 위에 먼지가 쌓여 있는 모습은 그다지 보기 좋지 않지만 심각한 문제는 아니다. 그러나 사용한 술병을 정리할 때 술병 겉에 묻어 있는 술은 반드시 닦아내는 것이 좋다. 그렇지 않으면 파리가 꼬여서 술병을 열 때 병 안에 파리가 들어갈 수도 있다.

보관 기간

보드카, 위스키, 테킬라, 진 등의 일반적인 증류주는 감귤류 리큐어, 허브 리큐어 그리고 비터스와 마찬가지로 오래 보관할 수 있다(몇 년도 문제없다). 그러나 그 밖의 다른 제품의 경우 일단 개봉한 뒤에는 날짜와 보관 장소에 신경을 써야 한다.

- 베르무트_ 냉장보관 2개월
- 심플 시럽_ 냉장보관 1개월
- 크림 베이스의 리큐어_ 냉장보관 1년
- 과일주스_ 냉장보관 2~4일

기본 원칙

맛있는 칵테일을 만들기 위해서는 상상력도 필요하지만 몇 가지 원칙은 반드시 지켜야 한다. 칵테일을 제대로 만들기 위한 최소한의 기본 원칙을 알아두자.

친애하는 데이비드 A. 엠버리

데이비드 A. 엠버리(David A. Embury)는 처음으로 믹솔로지에 대한 책을 쓴 사람은 아니지만, 처음으로 좋은 칵테일의 필수 요소를 정의한 사람이다. 1948년에 출판된 엠버리의 저서 『혼합 음료의 예술(The Fine Art of Mixing Drinks)』은 그에 대한 내용을 다루었다. 엠버리의 연구는 쇼트 드링크에 기반을 두고 있으며, 이 책에서 그는 기본 원칙을 규정했을 뿐 아니라 재료를 3분류로 나누었다.

데이비드 A. 엠버리의 기본 원칙

1. 고품질의 증류주를 사용해야 한다.
2. 식욕을 줄여줘야 한다. 따라서 지나치게 달거나 리큐어 맛이 많이 나면 안 되고, 과일주스, 달걀, 크림이 너무 많이 들어가는 것도 좋지 않다.
3. 입안에서는 부드러우면서도 강하고 분명한 알코올의 향을 느낄 수 있어야 한다.
4. 보기 좋게 만들어야 한다.
5. 올바른 방법으로 차갑게 만들어야 한다.

「싸구려 재료를 사용한 칵테일이 그 재료보다 나을 리 없다.」_ 데이비드 A. 엠버리

칵테일의 3가지 구성 요소

베이스(Base)

베이스는 칵테일의 1차적인 방향을 제시한다. 대부분의 경우 증류주를 사용하며, 그 향과 맛, 색깔에 의해 칵테일의 기본 특성이 결정된다. 증류주의 비율은 평균적으로 쇼트 드링크는 70%, 롱 드링크는 20%이다.

개선제(Modifying Agent)

「보디(Body)」라고도 부르는 개선제는 하나의 재료 또는 여러 가지 재료의 묶음일 수도 있다. 베이스에 섞어서 칵테일의 텍스처를 변화시키고 향을 보완한다. 소다수, 과일주스, 탄산수, 샴페인, 와인, 우유 또는 크림까지 모두 개선제가 될 수 있다.

첨가제(Additives)

첨가제는 칵테일에 새로운 방향(단맛이나 쓴맛)을 제시하거나, 새로운 색깔을 입히는 역할을 하기도 한다. 시럽, 비터스, 리큐어 등이 있다.

목표는 알코올, 신맛, 단맛을 조절하여 최적의 조합을 만들어내는 것이다.

그 밖의 원칙

밀푀유는 피한다

지나치게 다양한 증류주를 베이스로 사용하거나 여러 종류의 시럽과 리큐어를 섞는다면, 결국은 칵테일에서 아무런 향도 느끼지 못하게 될 수 있다.

보드카와 숙성 증류주는 섞지 않는다

보드카는 무향무미의 술이므로 숙성 증류주의 향을 약화시키는 결과를 가져올 뿐이다.

시럽이나 리큐어를 많이 넣지 않는다

시럽이나 리큐어는 매우 많은 설탕을 함유하고 있다. 너무 달아서 불쾌한 맛이 나는 칵테일이 되기 쉽다.

정확한 양의 재료를 사용한다

원래 넣어야 하는 양보다 많거나 적은 재료로 만든 칵테일은 그야말로 비극을 초래한다. 제시된 양을 반드시 따를 것을 권장한다.

곡물 베이스의 주류와 코냑은 섞지 않는다

위스키와 코냑은 섞지 않는다. 칵테일의 질을 의심받을 수 있다.

럼과 증류주를 섞을 때는 주의한다.

럼은 코냑이나 진 또는 위스키와 섞지 않는다.

셰이커로 만들기

바텐더가 익숙한 솜씨로 셰이커를 다루는 모습을 보면 셰이커로 칵테일을 만드는 것이 간단해 보일 수 있다. 하지만 여기서 알려주는 조언을 따르지 않는다면 순식간에 대참사가 일어날 수 있다.

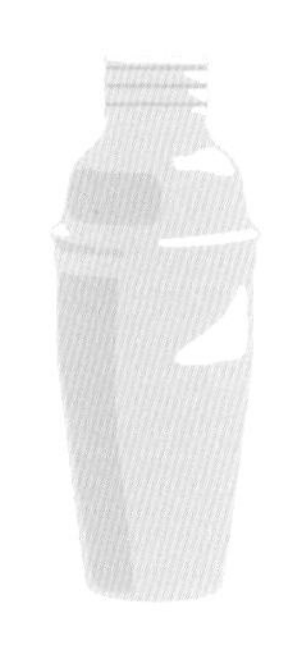

어떤 종류의 셰이커를 쓸까?

사용하는 셰이커의 종류에 따라 동작이 조금씩 달라진다. 초보자라면 좀 더 다루기 쉽고, 깨지거나 셰이킹 중에 갑자기 열릴 위험이 적은 코블러 셰이커(Cobbler Shaker)가 좋다.

캡을 여는 방법

서빙할 때 냉기로 인해 금속이 수축되어 캡이 잘 열리지 않을 수 있다. 그럴 경우에는 한 손으로 셰이커를 단단히 잡고 다른 한 손으로 캡 부분을 두드려준다.

코블러 셰이커 사용 방법

코블러 셰이커는 캡(뚜껑), 스트레이너(여과기), 바디(몸통) 3부분으로 이루어져 있으며, 가장 사용하기 쉬운 셰이커이다.

1. 셰이커 바디의 1/2을 얼음으로 채우고 재료를 넣는다.

2. 닫는다.

3. 그림처럼 한쪽 엄지를 캡에 올리고 다른 한쪽의 검지와 중지는 바디 아래쪽에 댄 상태로 셰이커를 단단히 잡는다. 10~15초 동안 셰이킹한다.

4. 캡만 열고 칵테일을 따른다.

보스턴 셰이커와 프렌치 셰이커 사용 방법

보스턴 셰이커(Boston Shaker)는 유리와 금속컵으로 이루어져 있다. 냉기에 의해 금속 부분이 수축되어 밀폐성이 매우 좋기 때문에 전문가들이 가장 많이 사용하는 셰이커이다.
프렌치 셰이커(French Shaker)는 두 부분 모두 금속컵으로 이루어져 있다. 아름다운 모양 덕분에 20세기 초 유럽에서 가장 많이 사용했던 셰이커이다.

1 아래쪽 셰이커(작은 컵)의 1/2을 얼음으로 채우고 재료를 넣는다.

2 위쪽 셰이커를 아래쪽과 수직이 되게 올려서 셰이커를 닫는다. 그림처럼 위쪽은 한쪽 검지를 위에 올려서 잡고, 아래쪽은 다른 쪽 엄지를 밑에 대고 잡는다. 10초 정도 셰이킹한다.

3 셰이커를 뒤집는다. 결합부위를 살짝 두드려서 셰이커를 연다.

4 필요하면 스트레이너를 사용해서 내용물을 잔에 따른다.

G 셰이커 칠링

꼼꼼한 사람은 셰이커를 차갑게 칠링(Chilling)하기 위해 먼저 얼음만 셰이커에 넣고 셰이킹하기도 한다. 그런 경우에는 셰이커에 재료를 넣기 전에 얼음은 그대로 두고, 안에 있는 물은 반드시 비워야 한다.

믹싱 글라스 또는 잔으로 만들기

일부 칵테일은 믹싱 글라스 또는 잔으로 직접 만들어야 한다.
그래도 얼마든지 스타일리시하게 만들 수 있다.

어떤 차이가 있을까?

믹싱 글라스는 쉽게 잘 섞이는 재료로 만들거나, 잔으로 직접 만들 수 없는 모양의 칵테일 잔을 쓸 때 사용한다. 또한 믹싱 글라스는 얼음이 없는 시원한 칵테일을 만들 때도 유용하다. 이 방식을「스트레이트 업(Straight Up)」이라고 한다.

믹싱 글라스 사용 방법

필요한 도구가 모두 준비되었는지 확인한다.

- 믹싱 글라스
- 얼음용 스트레이너
- 바 스푼

시간이 지체되면 칵테일이 지나치게 희석되므로, 다른 재료들도 모두 손이 닿는 가까운 곳에 준비해둔다.

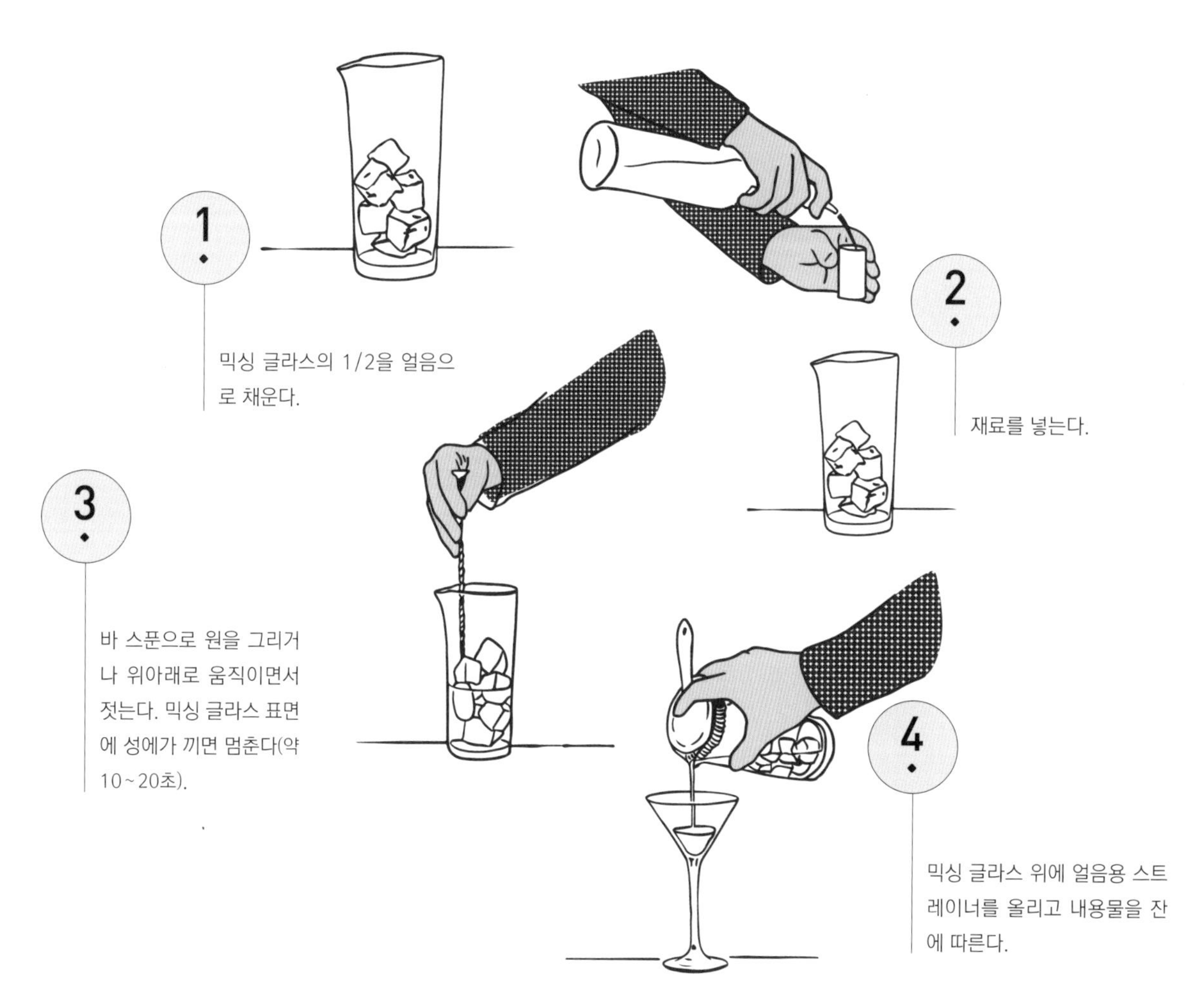

1. 믹싱 글라스의 1/2을 얼음으로 채운다.

2. 재료를 넣는다.

3. 바 스푼으로 원을 그리거나 위아래로 움직이면서 젓는다. 믹싱 글라스 표면에 성에가 끼면 멈춘다(약 10~20초).

4. 믹싱 글라스 위에 얼음용 스트레이너를 올리고 내용물을 잔에 따른다.

잔으로 직접 만드는 방법

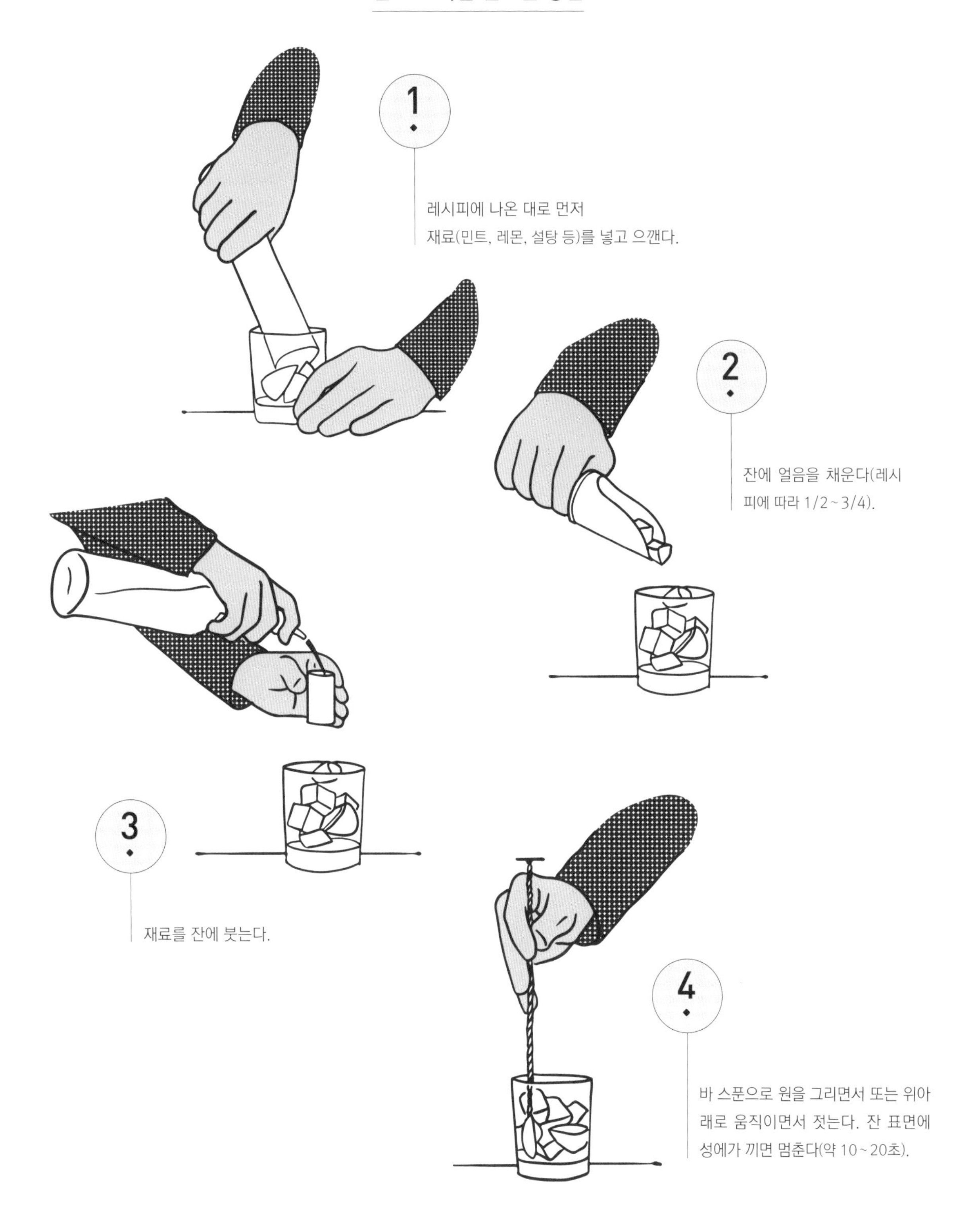

1. 레시피에 나온 대로 먼저 재료(민트, 레몬, 설탕 등)를 넣고 으깬다.

2. 잔에 얼음을 채운다(레시피에 따라 1/2~3/4).

3. 재료를 잔에 붓는다.

4. 바 스푼으로 원을 그리면서 또는 위아래로 움직이면서 젓는다. 잔 표면에 성에가 끼면 멈춘다(약 10~20초).

칠링

칵테일을 만들 때는 작은 디테일도 소홀히 하면 안 된다.
잔을 차갑게 냉각시키는 칠링(Chilling)도 그중 하나이다.

왜 할까?

칵테일 시음에 적합한 온도를 가능한 한 오래 유지하기 위해서이다.

3단계 「전문가」 방식

G 게으른 사람을 위하여

간단한 방법이 있긴 하다. 잔을 미리 냉동고 또는 냉장고의 냉동실에 넣어둔다. 너무나 간단하지 않은가! 하지만 잔을 너무 오랫동안 넣어두지 않도록 주의하자. 오래 냉각시킨 잔에 상온의 재료를 부으면 온도 차이로 잔이 깨질 위험이 있다.

AGO PERRONE
아고 페론

사진작가의 꿈을 안고 런던으로 온 이탈리아
코모 지역 출신의 아고 페론은 현재 세계 최고의
칵테일 바 중 하나인 「코노트 바(Connaught Bar)」의
대표이다. 그의 장점은 매우 순수하고 섬세하며
복잡한 스타일이면서도, 새로운 것을 자유롭게
추구하는 것이다.
아고 페론은 피터 도렐리(Peter Dorelli),
줄리아노 모란딘(Giuliano Morandin),
살바토레 칼라브레제(Salvatore Calabrese),
알레산드로 팔라치(Alessandro Palazzi) 등과 함께
런던에서 활동하는 이탈리아 출신의
정상급 바텐더 중 한 사람이다.
오늘날 그는 현대 칵테일 문화의 중심에 있다.
세계 최고의 바텐더로 선정되었을 뿐 아니라
호텔 바의 칵테일 룰을 새롭게 만들었다.
또한 런던 소호에 위치한 「메종 레미 마르탱
(Maison Rémy Martin)」에서 사진전을 열면서,
여러 가지 꿈을 모두 이룰 수 있다는 것을 직접 증명했다.

창작 칵테일

CONNAUGHT MARTINI
코노트 마티니

보드카 75㎖ • 베르무트 드라이 25㎖
자몽 비터스 3방울 • 레몬제스트 1조각

제스트

믹솔로지에서 제스트는 단순히 멋진 사진을 위한 장식이 아니라, 분명한 역할이 있다.

어떤 역할을 할까?

프랑스어로 제스테(Zester)는 「껍질을 벗긴다」라는 의미도 있지만, 칵테일에서는 「짜내다」라는 의미로 사용되기도 한다. 그러니까 감귤류의 에센셜 오일을 추출해서 칵테일에 터치를 더해주는 것이다. 오렌지, 레몬, 라임 등의 제스트를 주로 사용한다.

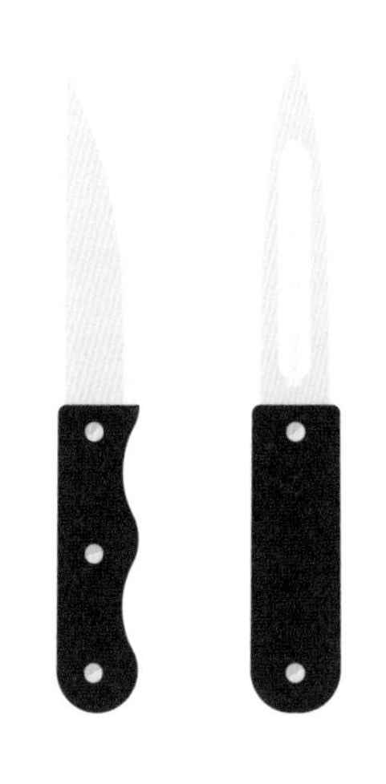

칼 또는 필러

응급실로 달려가지 않기 위한, 가장 간단한 방법은 필러를 사용하는 것이다. 하지만 너비 2㎝ 이상의 제스트가 필요하기 때문에 너무 작은 필러는 피하는 것이 좋다.

제스트 만드는 방법

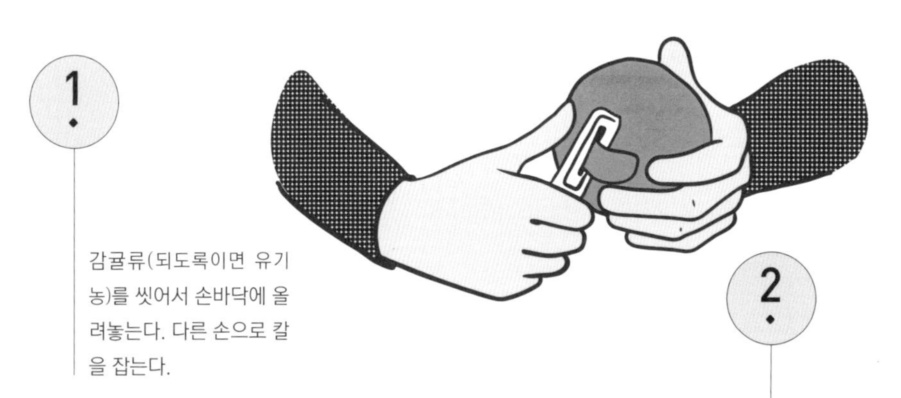

1. 감귤류(되도록이면 유기농)를 씻어서 손바닥에 올려놓는다. 다른 손으로 칼을 잡는다.

2. 칼날을 사용자 쪽으로 당기면서 껍질을 끈모양(쓴맛이 있는 흰색 속껍질도 함께)으로 잘라낸다. 이렇게 자른 제스트의 길이는 4㎝ 정도이지만, 용도와 사용하는 잔의 모양에 따라 자유롭게 변형할 수 있다.

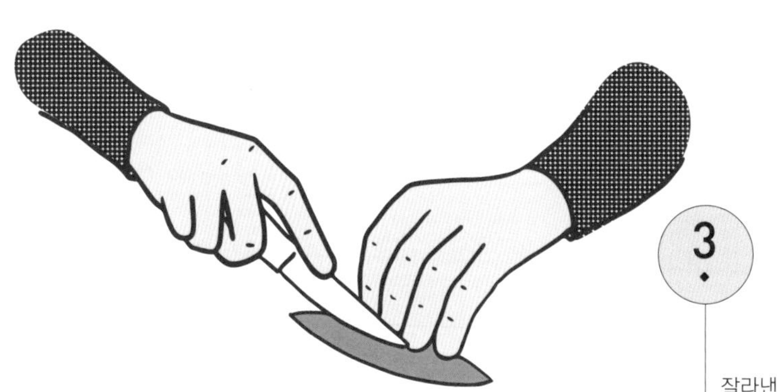

3. 잘라낸 제스트는 얇게 썰어서 다양한 방법으로 사용한다.

제스트 이용 방법

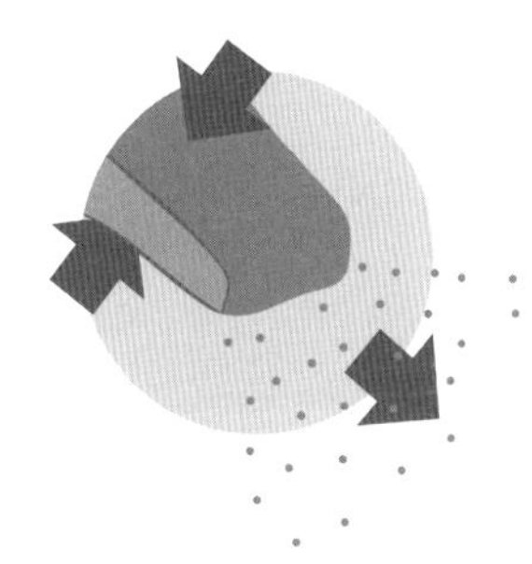

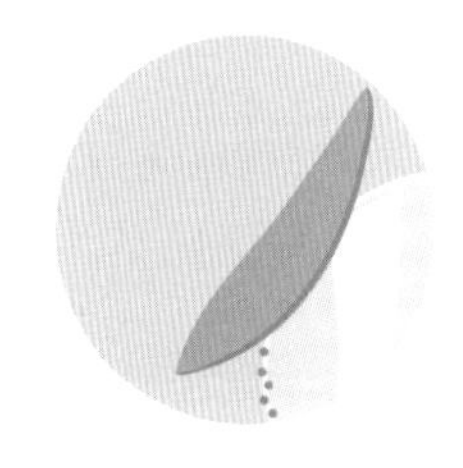

눌러 짜기

감귤류의 에센셜 오일이 칵테일 표면에 퍼지도록 제스트를 칵테일을 향해 눌러 짠다. 너무 세게 누르면 갈라질 수 있으므로 주의한다.

문지르기

잔의 테두리에 준비한 제스트를 문지른다. 이렇게 하면 과일의 에센셜 오일이 입에 직접 닿게 된다. 다양한 시도를 해보고 싶다면 스템 글라스의 다리 부분에 제스트를 살짝 문질러도 좋다.

퍼뜨리기

아로마가 계속 퍼져나가도록 짜고 난 제스트를 칵테일 속에 넣어둔다. 이렇게 하면 시각적인 효과도 더할 수 있다.

불 붙이기

제스트를 눌러 짤 때 추출되는 에센셜 오일에 불을 붙여 향을 더 강하게 퍼뜨리는 방식이다. 감귤류의 껍질을 둥글게 벗겨낸 다음, 잔에서 10cm 정도 떨어진 곳에 위치시킨다. 라이터를 켜고 불꽃 위에서 제스트를 짠다. 그런 다음 제스트를 칵테일에 넣는 것도 가능하다.

장식용 제스트 만드는 방법

단순한 제스트로는 충분하지 않다면 날개 모양 제스트 만드는 법을 배워보자. 당신의 예술적 재능을 자랑할 수 있다.

1. 제스트를 약 10cm로 자른다.

2. 가장자리를 다듬은 다음 끝부분을 그림처럼 비스듬히 자르고, 가운데에 칼집을 넣는다. 비스듬히 자른 끝부분에 가늘게 칼집을 내서 날개의 깃털을 만든다.

3. 제스트를 둥글게 말아서 양쪽 깃털부분이 서로 어긋나게 끼운 다음, 중심에 낸 칼집을 이용해서 잔 테두리에 끼운다.

슈터

슈터(Shooter)의 핵심은 액체가 서로 섞이지 않게 쌓아올리는 것이다.
단순해 보이지만 매우 특별한 테크닉이 숨어 있다.

겹겹이 쌓아올리기

훌륭한 슈터의 매력은 시각적인 표현에 있다. 서로 다른 색깔의 증류주나 리큐어를 층층이 쌓아올려 마치 무중력 상태로 떠 있는 것처럼 보이고, 사람들은 그 모든 층을 한 번에 「들이키는」 즐거움을 맛본다.

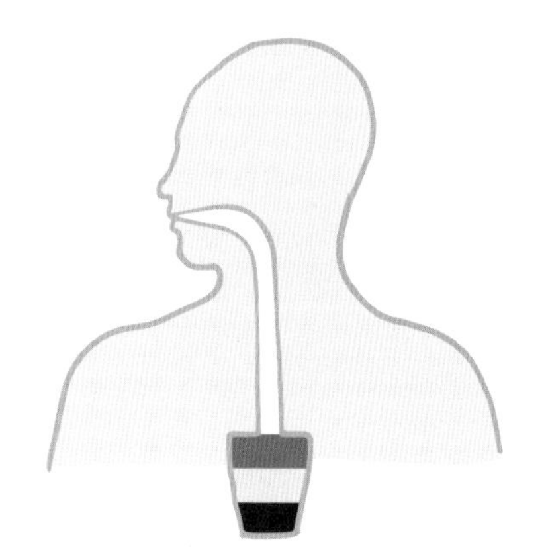

기본 규칙

B-52나 다른 종류의 슈터가 피사의 사탑처럼 기울어 보이지 않게 하려면, 재료를 넣는 순서를 지켜야 한다. 단맛이 강한 술, 밀도가 높은 술부터 넣는 것이 기본이다.

슈터 만드는 방법

1. 첫 번째 술은 잔에 직접 따른다.

2. 첫 번째 술의 표면에 바 스푼을 올리고, 두 번째 술을 바 스푼을 따라 아주 천천히 흘러내리도록 따른다.

3. 가장 위의 층에만 살짝 닿도록 스푼을 조심스럽게 들어올린다. 나머지 술도 같은 방법으로 쌓아올린다.

실전 레시피

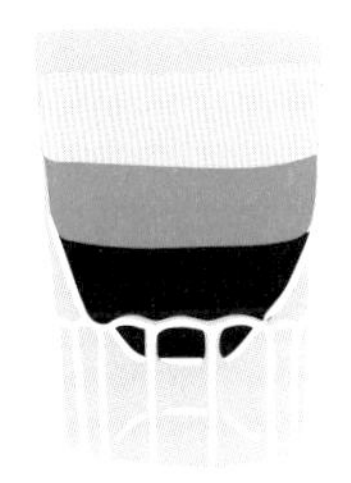

애프터 에이트(After Eight)

- 아이리시 크림 리큐어 20㎖
- 카카오 리큐어 20㎖
- 화이트 민트 리큐어 20㎖

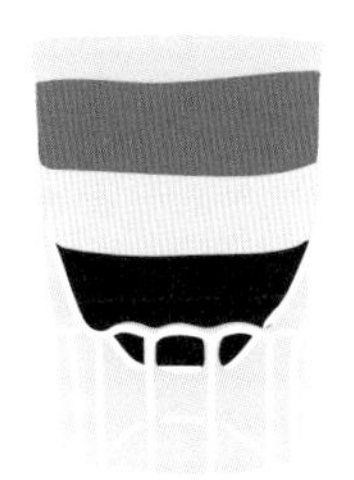

B-52

- 커피 리큐어 20㎖
- 아이리시 크림 리큐어 20㎖
- 오렌지 리큐어 20㎖

가미카제(Kamikaze)

- 보드카 20㎖
- 오렌지 리큐어 20㎖
- 라임주스 20㎖

젤로 샷

보드카 80㎖	물 160㎖	젤라틴 파우더 4g	블루 큐라소 80㎖

영화와 드라마 덕분에 대중화된 젤로 샷(Jell-O Shot)은 미국 대학생들이 파티에서 많이 마시는 술 가운데 하나이다. 젤리 형태로 만든 칵테일의 일종으로 「꿀꺽」 삼키기만 하면 된다. 이런 별난 술에서 특별한 맛은 기대하지 않는 것이 좋다. 그래도 한 번 만들어보고 싶은 사람을 위해, 초기작 중 하나인 「일렉트릭 젤로(Electric Jello)」 레시피를 소개한다.

1. 물 120㎖를 냄비에 넣고 끓인 뒤 젤라틴 파우더를 넣는다.
2. 잘 섞은 다음 나머지 물 40㎖와 보드카, 블루 큐라소를 넣는다.
3. 샷 글라스에 붓는다.
4. 최소 3시간 동안 냉장고에서 굳힌다.

G 리큐어

다음에 소개하는 리큐어 리스트는 밑으로 내려갈수록 농도가 진하다.

- 크림 베이스의 리큐어
- 키르슈
- 슬로 진
- 쿠앵트로
- 그랑 마니에르
- 브랜디
- 가향 슈냅스
- 삼부카(이탈리아산 아니스 리큐어)
- 캄파리
- 아마레토
- 크렘 드 망트
- 깔루아
- 그레나딘
- 크렘 드 카시스

「셰이킹」 vs 「스터링」

제임스 본드가 단순히 멋을 부리기 위해 스터링이 아닌 셰이킹 방식("Shaken, Not Stirred")으로 만든 드라이 마티니를 주문했다고 생각했다면 오산이다. 각각의 테크닉에는 그만의 특징이 있다.

주의!

믹솔로지가 탄생한 이래, 셰이킹과 스터링에 대한 논쟁은 계속되고 있다. 누군가는 셰이킹 방식으로 만들라고 조언할 것이고, 다른 누군가는 칵테일은 반드시 스터링 방식으로 만들어야 한다고 할 것이다. 어떻게 할까?

혼란스러울 때는 이렇게 해보자.

- 2가지 방식을 모두 시험해보고 마음에 드는 방식으로 정한다.
- 친구들 앞에서 솜씨를 자랑하기 위해 더 자신 있는 방법을 고수한다.
- 2가지 중 하나로 결정하기 위해 친구들의 의견을 묻는다.

셰이킹

도구_ 셰이커

믹솔로지에서는 아래의 재료가 포함된 칵테일의 경우 셰이커 사용을 선호한다.

- 과일주스
- 크림 베이스의 리큐어(베일리스 타입)
- 시럽
- 사워 믹스
- 달걀
- 유제품
- 걸쭉한 제품

셰이킹하는 칵테일_ 코스모폴리탄, 마이 타이 등.

셰이킹은 모든 재료들이 칵테일의 최종 풍미에 완전히 섞이는 것을 목적으로 한다.

셰이킹하면 강한 진동으로 얼음이 더 많이 부서지고 결과적으로 더 많이 희석된다.

셰이킹해서 만든 칵테일은 흔들 때 발생한 기포로 인해 탁해지고 거품이 생기는데, 시간이 조금 지나면 맑아진다.

셰이킹이 아로마를 망가뜨린다고?

일부 바텐더는 술의 아로마 스펙트럼을 「망가뜨리지」 않으려면 섬세한 작업이 필요하다는 이유로, 위스키나 진 같은 술을 셰이킹하지 않는다. 하지만 「셰이킹」이 술의 아로마를 변질시킨다는 주장은 증명된 적이 없다.

온도

「셰이킹」과 「스터링」의 차이는 결국 온도에 의한 것일 수도 있다. 셰이킹해서 만든 칵테일이 최적의 온도에 더 빨리(약 15초) 도달한다. 스터링 방식의 경우에는 희석이 덜 되기 때문에 같은 온도에 도달하려면 1~2분 정도 걸린다.

균형의 문제

칵테일에서 얼음에 의한 희석은 매우 중요한 현상이다. 균형 잡힌 칵테일을 만들기 위해서는 「셰이킹」 또는 「스터링」 방식 중 어떤 것을 선택하는지가 중요하다. 하지만 모든 것은 칵테일에 투자하는 시간의 문제이기도 하다.

스터링

도구_ 믹싱 글라스와 바 스푼

스터링은 보다 부드러운 테크닉으로, 일반적으로 증류주에 희석음료(소다수나 과일주스)를 거의 섞지 않는 칵테일을 만들 때 사용하는 방법이다. 얼음으로 희석 정도를 조절하면서 여러 액체를 섞는다.

이렇게 만든 칵테일은 완벽한 투명도를 자랑한다.

스터링하는 칵테일_ 맨해튼, 네그로니 등.

여러 가지 「셰이킹」

믹솔로지스트에게 있어서 셰이커는 화가의 붓과 같은 존재이다.
모든 사람이 같은 도구를 갖고 있어도 사용 방법에 따라 결과물은 달라진다.

불

「황소(Bull)」를 의미하는 이름이 이 테크닉의 특징을 잘 표현하고 있다. 개성적이고 뛰어난 기술로 크고 부드럽게 셰이킹하는 방식이다. 셰이커의 결합부위를 양손으로 잡고 셰이커가 떨어지지 않게 한다. 셰이커를 수직으로 잡고 머리 위로 들어 올렸다 배꼽까지 내린다. 크게 움직이면서 이 과정을 가능한 한 빠른 속도로 반복한다.

하드 셰이킹

짧고 빠른 움직임으로 최소한의 시간에 최대의 냉각 효과를 얻기 위한 테크닉이다. 크림, 달걀흰자 또는 시럽 같은 무거운 재료를 사용하는 칵테일을 만들 때 하드 셰이킹(Hard Shaking) 테크닉을 사용한다. 가벼운 거품과 공기가 많이 들어간 칵테일을 만들 때도 좋다. 얼음을 매우 거칠게 다루는 테크닉이므로 평상시보다 더 큰 얼음을 사용한다.

일본식 하드 셰이킹

많은 테크닉이 그렇듯이 일본 사람들은 하드 셰이킹을 개선하고 발전시켜서 자신들의 것으로 만들었다. 그 결과 일본식 하드 셰이킹은 「셰이킹」을 위한 최고의 테크닉이 되었다. 셰이커를 양손으로 떨어지지 않게 잡은 다음, 눈높이까지 들어 올린다. 수직으로 잡고(긴자 스타일은 45° 각도), 위에서 아래로 빠르게 움직이면서 작게 흔들어준다. 셰이킹할 때 셰이커가 가슴과 이마 사이에서 움직이게 한다.

믹솔로지가 기술일 뿐이라고?

전혀 그렇지 않다. 믹솔로지는 시각적으로 감상하는 예술이기도 하다. 칵테일을 「셰이킹」하는 바텐더를 보며 고객들은 이미 칵테일을 맛보고 있다. 그러므로 어떤 테크닉이든 언제나 지켜보는 관객에게 멋지게 보이도록 노력해야 한다.

오버헤드 셰이킹

좁은 장소에서도 사용할 수 있는 오버헤드 셰이킹(Overhead Shaking)은 머리에 칵테일을 뒤집어쓸 위험이 있기 때문에 민첩한 움직임과 도구 사용에 대한 자신감이 필요하다.

소프트 셰이킹

소프트 셰이킹(Soft Shaking)은 일반적으로는 스터링 기법으로 만드는 칵테일도 셰이킹하는 것을 선호하는 사람들에게 이상적인 테크닉이다. 얼음을 강하게 흔드는 짧은 동작 대신 얼음이 셰이커의 끝에서 끝까지 움직일 만큼만 셰이킹한다. 이 방법은 가벼운 재료를 사용하는 칵테일에 적합하다.

드라이 셰이킹

드라이 셰이킹(Dry Shaking)은 특히 달걀흰자를 넣은 칵테일을 만들 때 많이 사용하는 테크닉이다. 얼음을 넣기 전에 모든 액체 재료를 15초 동안 셰이킹해서 잘 섞는 것이 이 테크닉의 목적이다. 그런 다음 차갑게 식히기 위해 얼음을 넣고 평소처럼 셰이킹한다.

원-핸드 셰이킹

이 테크닉은 숙련된 바텐더를 위한 것이다. 원-핸드 셰이킹(One-hand Shaking)이라는 이름처럼 한 손으로 셰이킹하는 것이므로 능숙한 솜씨가 요구된다. 셰이커를 닫고 결합부위를 단단히 움켜잡는다. 셰이커를 45° 각도로 기울인다. 셰이커를 앞뒤로 가볍게 흔든다. 얼음이 셰이커 안에서 움직이는 소리만 들릴 정도로 부드럽게 움직여야 한다. 대담한 바텐더라면 양손에 1개씩 2개의 셰이커를 들고 동시에 셰이킹할 수도 있다.

여러 가지 「셰이킹」

셰이킹 아닌 셰이킹_ 쿠반 롤

「스로잉(Throwing)」이라고도 하는 쿠반 롤(Cuban Roll)은 얼음으로 인한 희석효과를 줄이고, 차갑고 공기가 많이 포함된 칵테일을 만들 때 쓰는 테크닉이다. 이 방식으로 만들면 물이 적게 함유된 드라이한 칵테일이 만들어진다. 쿠반 롤이라는 이름은 쿠바 출신 바텐더가 이 테크닉을 만든 데서 유래한 것으로, 음료를 하나의 셰이커에서 다른 셰이커로 「롤링(Rolling)」하는 모습이 보기에도 매우 매력적이다.

쿠반 롤 방식으로 만드는 칵테일_ 드라이 마티니, 맨해튼 등.

쿠반 롤 시도하기

2개의 셰이커 컵과 얼음용 스트레이너를 준비한다. 얼음과 재료를 1개의 셰이커 컵에 넣고 얼음용 스트레이너를 올린다. 가득 찬 내용물을 빈 컵에 옮겨 부으면서 두 컵 사이의 거리를 점점 멀리 떨어트린다(마치 민트 티를 따를 때처럼). 스트레이너는 얼음을 첫 번째 컵에 가두는 역할을 한다. 이 과정을 여러 번 반복한다. 완성된 칵테일을 준비된 잔에 따른다.

희석 정도를 조절한다

점점 거리를 넓히면서 하나의 컵에서 다른 컵으로 내용물을 옮겨 붓는 쿠반 롤 방식으로 만든 칵테일에는 공기가 많이 함유된다. 「셰이킹」 대신 이 방법을 사용하면 얼음 사이의 마찰이 줄어들어 희석이 덜 되기 때문에 칵테일의 물 함유량을 줄일 수 있다.

G 부상의 위험은 없을까?

물론 가정에서도 힘과 속도를 조절하지 못한 상태로 연습하다 보면 부상을 입을 수 있다. 하지만 때로는 하룻밤에 200잔 이상의 칵테일을 「셰이킹」해야 하는 바텐더에 비하면 그 위험은 매우 적은 편이다. 일부 바텐더는 스스로를 보호하기 위한 몇 가지 팁을 갖고 있는데, 그중 하나는 무예가처럼 허리를 곧게 세우는 것이다.

세계의 유명 바텐더 3

JIM MEEHAN

짐 미한

시카고 출신으로 바텐더, 기자, 작가 등 칵테일 바와 관련된 거의 모든 분야에서 일한 경험이 있다. 2001년 매디슨에 위치한 위스콘신 대학에서 아프로 - 아메리칸학과 영문학으로 학위를 받고, 1년 뒤 뉴욕으로 건너가 첫 직장인 파이브 포인츠(Five Points)에 입사한다. 2년 뒤에는 이탈리안 레스토랑 「페이스(Pace)」를 오픈하고 그곳의 바를 운영하면서 소믈리에로 일했다. 2007년에는 이스트 빌리지의 전설적인 핫도그 가게와 함께 있는 칵테일 바 「PDT」를 오픈한다. 2009년에는 「테일즈 오브 더 칵테일(Tales Of The Cocktail)」에서 주관하는 「올해의 미국 바텐더 상(American Bartender Of The Year)」을 수상하고, 세계 최고의 칵테일 바로 선정되면서 유명해졌다.

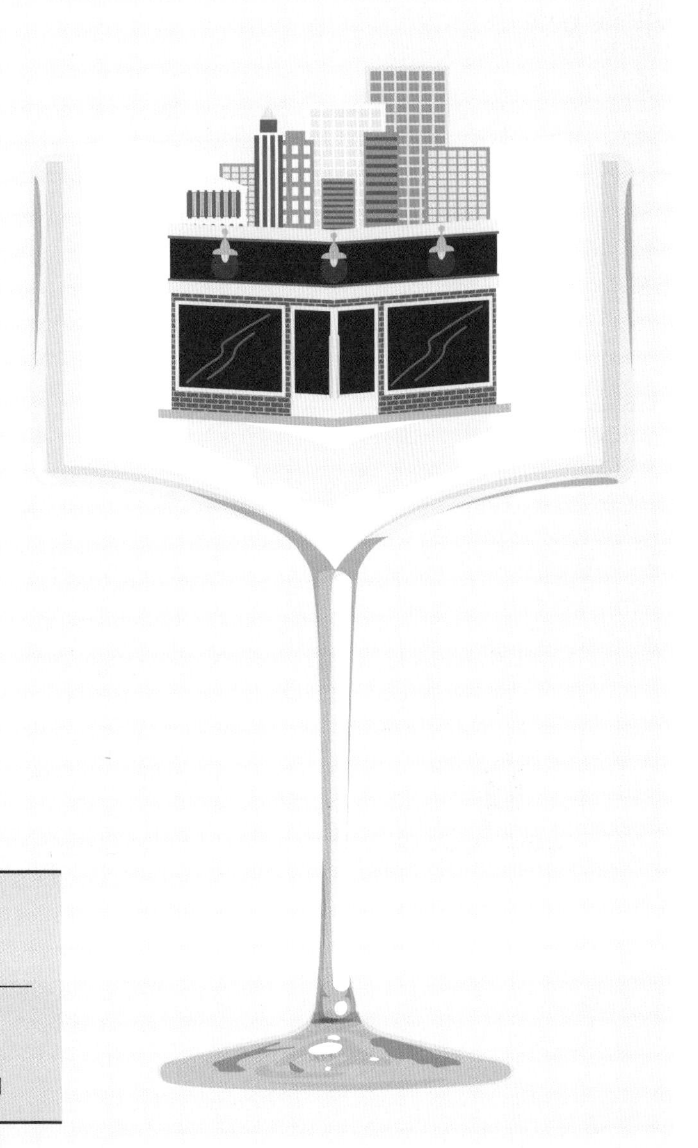

창작 칵테일

MEZCAL MULE
메즈칼 뮬

메즈칼 40㎖ • 진저비어 30㎖ • 라임주스 20㎖
패션프루트 퓌레 20㎖ • 아가베 시럽 15㎖
오이 슬라이스 3조각 • 생강 콩피 • 칠리페퍼 파우더

얼음

얼음 없이 칵테일을 만드는 것은 숯 없이 바비큐를 하는 것과 마찬가지이다. 한마디로 절대 불가능하다.

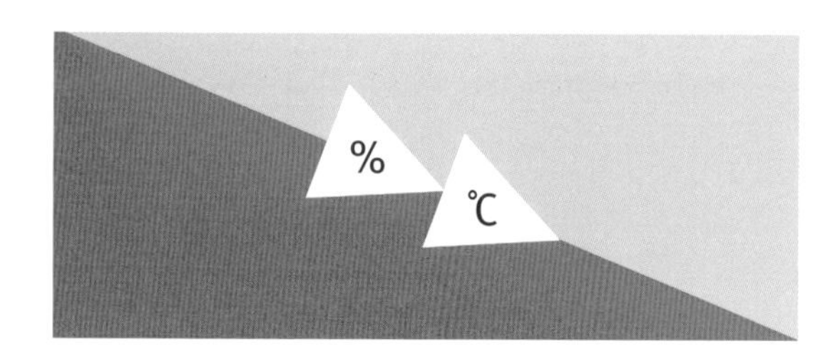

얼음의 역할

칵테일에 사용하는 얼음의 크기, 모양, 분량은 칵테일의 맛에 영향을 준다. 좀 더 정확히 말하면 다음 2가지에 영향을 미친다.

- 온도
- 희석

칵테일에 얼음이 부족하면 덜 희석되기 때문에 맛이 강하게 느껴지고, 셰이커나 믹싱 글라스에 너무 작은 얼음을 넣으면 지나치게 희석되어서 물이 너무 많은 칵테일이 만들어진다. 그렇기 때문에 얼음을 잘 선택하는 것이 중요하다.

조금, 많이, 더 많이

일반적으로 생각하는 것과는 달리, 얼음을 조금 더 넣는다고 「물맛」 칵테일이 되지는 않는다.

얼음의 종류

큐브

이 모양의 얼음이 가장 흔하고 용도가 다양하다. 셰이커, 믹싱 글라스, 온 더 락스 등에 과일주스 또는 소다수와 함께 사용한다. 큐브가 클수록 칵테일이 천천히 희석된다.

볼

잔 크기에 꼭 맞게 공모양으로 만든 얼음은 잘 녹지 않아 칵테일이 많이 희석되지 않으며, 온도를 차갑게 유지해준다.

크러시드 아이스

빠르게 냉각시켜야 하는 줄렙이나 코블러 또는 강한 증류주로 만드는 칵테일에 자주 사용하는 얼음으로, 많이 희석되는 것이 특징이다.

주의_ 큐브 형태의 얼음이 필요한 칵테일에 크러시드 아이스를 사용하면 안 된다. 지나치게 희석되어서 밍밍한 맛이 된다.

얼음은 다 같을까?

그렇지 않다. 모든 얼음의 질이 같은 것은 아니다. 여러 가지 요소를 고려해야 한다.

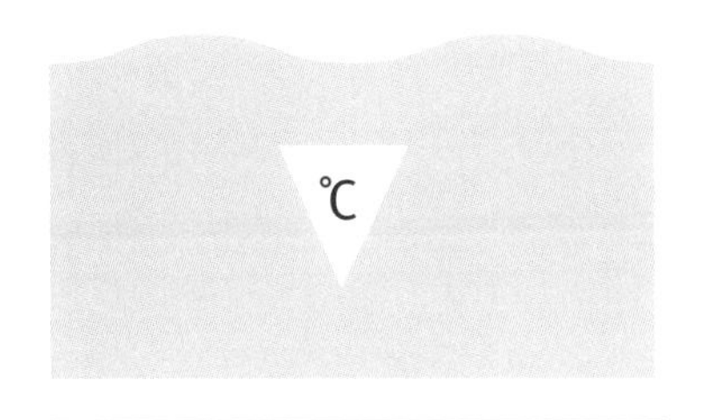

냉동 전 물의 온도

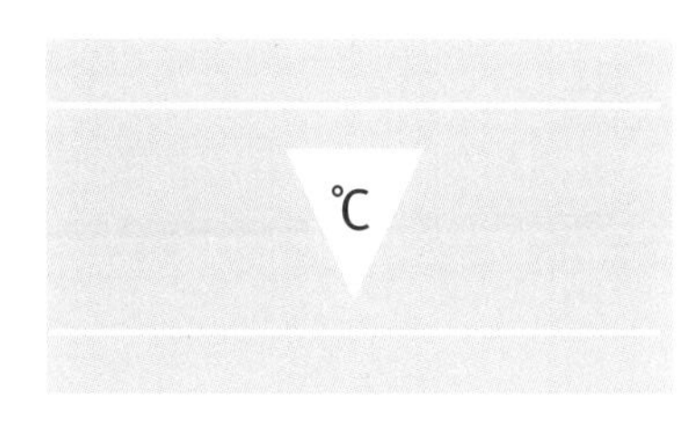

냉동고의 냉각 온도

원재료인 물은 여과되지 않은 수돗물보다는 먹는 생수를 추천한다.

얼음에서 생선 비린내가?

보관 장소를 잘 관리해야 한다. 냉동고의 내부공기는 순환하기 때문에 시간이 지나면 식재료 냄새가 뒤섞인다. 따라서 가능하면 얼음을 완전히 분리된 칸에 보관하거나, 칵테일을 만들기 전날이나 당일에 얼음을 얼려서 사용하는 것이 좋다. 또 다른 해결책으로 랩을 씌워서 보관하는 방법도 있다.

투명한 얼음

마치 수정처럼 완벽에 가깝게 투명한 얼음을 보고 신기하게 생각한 적이 있는가? 집에서 얼린 얼음은 흰색을 띠는데 말이다. 이렇게 맑고 투명한 얼음은 한쪽 면에서만 냉기를 가해 일정한 방향으로 물을 얼리는 「지향성 결빙(directional freezing)」을 통해 만들어지며, 윗부분만 흰색을 띠기 때문에 그 부분을 잘라내고 사용한다.

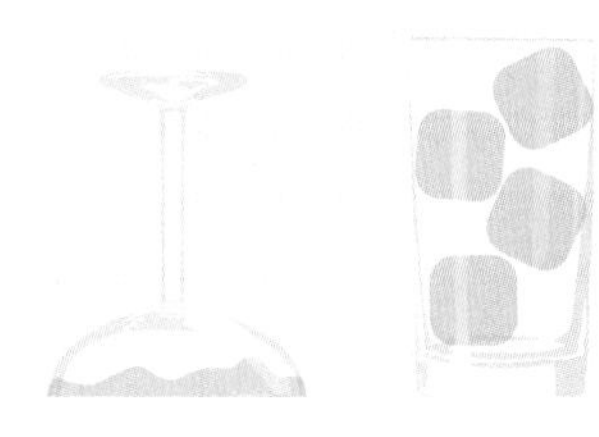

차가운 잔의 중요성

일부 칵테일은 차가운 잔에 서빙해야 한다. 잔을 차갑게 만드는 방법은 2가지가 있다.

- 얼음 없이 마시는 칵테일이라면, 칵테일을 서빙하기 전에 잔을 몇 분 동안 냉동실에 넣어둔다.
- 칵테일을 만드는 동안 잔에 얼음을 채워 둔다.

향을 낸 얼음?

미리 짜서 걸러낸 과일주스나 채소주스를 넣어 향을 낸 얼음으로 특별한 칵테일을 만들 수도 있다. 향을 낸 얼음이 희석되면서 또 다른 맛이 점점 퍼져나가는 칵테일을 만드는 것이다. 하지만 이 방법은 신중하게 사용해야 한다. 간단한 예로 테킬라나 메즈칼 베이스의 칵테일에 직접 짠 토마토주스를 얼려서 만든 얼음을 사용할 수 있다.

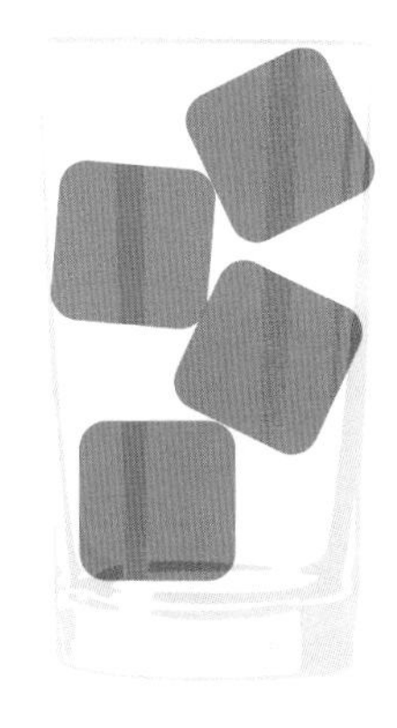

얼음? 잔?

얼음으로 만든 잔도 있다. 몽펠리에의 칵테일 바 「르 파르펌(Le Parfum)」에서는 조금은 무모한 도전을 통해 얼음으로 칵테일 잔을 만들었다. 우리의 눈을 의심하게 만드는 훌륭한 잔이다.

비터스

쓴맛이 나는 비터스(Bitters)는 칵테일을 만들 때 흔히 사용하기 때문에 바텐더의 소금과 후추로 불린다. 맛이 잘 조화되고 개성이 뚜렷한 칵테일을 만드는 데 반드시 필요한 조력자이다.

약국에서 시작된 비터스

비터스의 역사는 약제사가 여러 가지 치료제와 묘약 등을 조제하던 시절로 거슬러 올라간다. 비터스는 원래 복통, 두통, 심지어는 숙취까지 치료하던 치료제였다. 예전부터 전해 내려오는 비터스 제조법은 쓴맛이 있는 식물 추출물, 나무껍질 또는 허브 등으로 도수가 높고 무미(無味)한 술에 향을 입히는 것이다.

비터스와 아메르

모두 똑같이 비터스라고 부르지만 비터스는 칵테일 비터스(Cocktail Bitters)와 프랑스어로 「아메르(Amer)」라고 부르는 디제스티브 비터스(Digestive Bitters)의 2종류로 나눌 수 있다. 칵테일 비터스는 칵테일에 몇 방울만 넣는 정도로 매우 적은 양만 사용하여 쓴맛을 거의 내지 않는 반면, 아메르(아페롤, 캄파리)는 칵테일의 베이스로 사용하는 비터스이다.

때에 따라 다양하게 즐기는 디제스티브 비터스

식전주
비터스를 스트레이트로 마시거나,
소다수나 탄산수를 섞어서 마신다.

식후주
상온에 보관한 비터스를 스트레이트로 마신다.

칵테일
네그로니(진, 캄파리, 베르무트),
아메리카노(캄파리, 베르무트, 소다) 등.

칵테일 비터스

오늘날 비터스의 종류는 수백 가지가 넘지만, 여기에 소개하는 3가지 비터스만 갖추면 대부분의 칵테일을 어렵지 않게 만들 수 있다.

아로마틱 비터스 (Aromatic Bitters)

가장 유명한 것은 미국 시장의 85% 이상을 점유하고 있는 앙고스투라(Angostura) 비터스이다. 칵테일 레시피에 최초로 그 이름이 등장한 것은 1831년이다. 그러나 크게 성공한 대부분의 제품이 그렇듯이 앙고스투라의 제조법은 여전히 베일에 싸여 있다. 우리가 아는 것은 용담, 정향, 시나몬 등이 들어간다는 정도이다. 코냑, 럼, 위스키 등과 잘 어울린다.

칵테일_ 맨해튼, 로브 로이 등

크레올 비터스 (Creole Bitters)

크레올 비터스를 만드는 대표적인 브랜드는 「페이쇼즈 아로마틱 칵테일 비터스(Peychaud's Aromatic Cocktail Bitters)」이다. 앙투안 아메데 페이쇼(Antoine Amédée Peychaud)가 아이티에서 이주한 아버지의 레시피를 바탕으로, 1830년경 뉴올리언스에 설립한 회사이다. 앙고스투라보다 부드럽고 꽃과 과일의 풍미가 느껴진다.

오렌지 비터스 (Orange Bitters)

오렌지 비터스는 쓴맛이 있는 오렌지껍질로 만들고, 일반적으로 코리앤더나 카르다몸(또는 정향이나 용담)과 함께 사용한다. 오렌지 비터스의 탄생이 정확히 언제였는지는 알 수 없지만, 일찍이 제리 토마스가 1862년에 쓴 저서 『바텐더 가이드』에서 오렌지 비터스를 언급하였다.

독특함을 원한다면

주요 브랜드가 아닌 일부 브랜드에서는 독특한 스타일의 제품을 제안하기도 한다. 특히 「더 비터 트루스(The Bitter Truth)」와 「하우스 메이드(House Made)」 등에서 만든 건조 토마토 비터스나 구운 파인애플 비터스는 매우 좋은 판매율을 보이고 있다.

치료제?

당신의 바에 필요한 비터스를 살 좋은 핑곗거리가 필요한가? 비터스는 복통, 소화불량 심지어 숙취해소에도 좋은 천연 치료제이다. 비터스가 의사보다 낫다고 하는 사람도 있다.

비터스가 만들어내는 멋진 조화

뷰 카레(Vieux Carré, 1930년대에 뉴올리언스에서 만든 칵테일)를 만들고 싶다면 몇 방울의 앙고스투라와 페이쇼즈 비터스가 필요하다. 늘 그렇지만 중요한 것은 균형이다.

나만의 비터스 만들기

10~15유로 정도면 비터스를 쉽게 구입할 수 있지만, 스스로 만드는 것 역시 얼마든지 가능하다. 자신만의 창작 레시피로 서툴지만 믹솔로지스트 흉내를 내볼 수도 있다.

어떤 재료를 넣을까?

향과 풍미를 내기 위해 쓴맛이 나는 뿌리, 나무껍질, 잎과 다른 여러 종류의 허브 등을 사용한다. 잘 우러나도록 재료를 다지거나 빻아서 준비한다.

어디서 살까?

향신료 상점이나 유기농 제품 판매점 또는 약국(허브티 판매대)에서 구입할 수 있다. 언제나 그렇지만 가능하면 유기농 재료가 좋다.

어떤 술로 만들까?

풍미를 최대한 끌어내기 위해서는 도수가 높은 증류주(최소 50%가 넘는)를 사용하는 것이 좋다. 에버클리어(Everclear) 위스키나 보드카 같은 술을 사용하면 무미에 가까운 곡물주의 맛이 날 것이다. 비터스를 좀 더 특별하게 만들고 싶다면 버번이나 럼과 같은 다른 증류주로 만들어도 좋다.

쓴맛

비터스에서 쓴맛을 내는 성분은 보통 약 10~50%를 차지한다. 안젤리카 뿌리, 아티초크 잎, 구기자 뿌리, 블랙 월넛 잎, 우엉, 창포 뿌리, 기나나무껍질, 감귤류 껍질, 민들레 뿌리와 잎, 용담 뿌리, 허하운드(Horehound), 감초 뿌리, 쑥, 붓꽃 뿌리, 소태나무껍질, 사르사(청미래덩굴), 야생 벚나무껍질 등을 사용한다.

우려내는 시간

식물에 따라 우려내는 시간은 하루~몇 주가 걸린다. 정기적으로 각각의 용기에 들어 있는 내용물의 향을 맡고 맛을 봐야 한다. 재료의 향이 강하게 나면 당신만의 비터스가 완성된 것이다. 향을 맡을 때는 재료를 담가놓은 술을 손바닥에 몇 방울 떨어트리고 양손바닥을 마주대고 비빈 뒤, 손을 오므린 상태로 코에 가까이 대고 냄새를 맡는다. 맛을 보려면 물이나 탄산수에 몇 방울 떨어트려서 마신다.

향과 풍미

비터스는 향과 풍미를 내는 재료로 만드는데, 거의 대부분의 허브, 향신료, 꽃, 과일 또는 견과류를 사용할 수 있다. 상상력을 발휘해서 만들어 보자. 그리고 가능하면 특히 과일껍질을 써야 한다면, 유기농 재료를 사용하는 것을 잊지 말기를. 몇 가지 예를 소개한다.

향신료

아니스, 캐러웨이, 카르다몸, 콰시아, 셀러리 씨, 고추, 시나몬, 정향, 고수, 펜넬, 생강, 주니퍼 베리, 너트메그, 후추, 팔각, 바닐라빈 등.

허브와 꽃

카모마일, 히비스커스, 홉, 라벤더, 레몬그라스, 민트, 장미, 로즈메리, 세이지, 타임, 서양톱풀 등.

과일

감귤류(레몬, 라임, 오렌지, 자몽)의 신선한 껍질이나 말린 껍질 또는 말린 과일(사과, 체리, 무화과, 포도) 등.

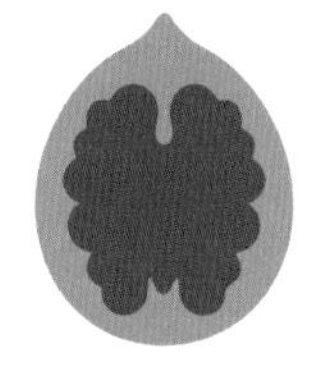

견과류

구운 아몬드, 피칸, 호두 등.

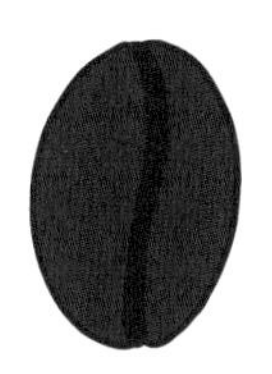

콩류

카카오빈, 커피빈 등.

변형하기

비터스에 심플 시럽, 캐러멜, 당밀, 꿀 또는 다른 감미료를 넣어 가벼운 단맛을 낼 수 있다. 증류수로 희석하면 좀 더 가벼운 맛의 비터스를 만들 수도 있다.

어떤 방법으로 만들까?

비터스를 만드는 방법은 2가지가 있다.

방법 1

증류주에 재료를 모두 섞어서 우려내는 방법.

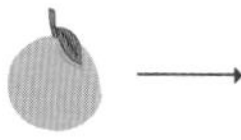

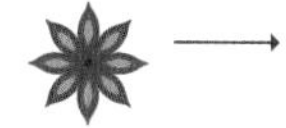

방법 2

각각의 재료를 따로 우려내서 취향에 맞게 섞는 방법이다. 사용하는 재료의 서로 다른 인퓨징 속도를 고려한 방법으로, 이렇게 하면 좀 더 세밀하게 풍미를 조절할 수 있다.

연습

이제 비터스를 어떻게 만드는지 알았으니 직접 만들어 볼 차례이다.

재료

- 쓴맛을 내는 재료
- 풍미를 내는 재료
- 증류주(시작용으로는 보드카가 적당하다)

계량

비터스를 처음 만드는 사람이라면 우선 적은 양부터 만들어보자. 리큐어 20~40㎖에 말린 허브 1ts. 쓴맛이 나는 허브 1가지를 포함한 6가지 허브로 시작한다.

도구

- 스포이트(또는 주사기)
- 깨끗한 유리 밀폐용기
- 계량 도구(저울, 스푼)
- 거즈와 커피 필터
- 깔때기
- 깨끗하고 작은 빈 병
- 라벨

1. 재료를 각각 다른 용기에 담는다.
2. 증류주를 붓는다. 재료가 완전히 잠기는지 확인하면서 각각의 용기에 증류주를 붓는다. 용기를 밀폐한다.
3. 용기에 라벨을 붙인다. 내용물과 날짜를 기재한다.
4. 하루에 1번씩 용기를 흔들어준다. 세게 흔들어서 전체가 잘 섞이게 한다.
5. 재료의 맛과 향이 우러나기를 기다린다. 인퓨징 기간은 재료에 따라 하루~몇 주까지 다양하다. 따라서 정기적으로 각각의 용기에 있는 내용물의 향을 맡고 맛을 본다.
6. 충분히 우러났으면 거즈 등으로 걸러낸다. 더 미세한 알갱이까지 걸러내려면 커피 필터를 사용한다.
7. 스포이트나 주사기를 이용해서 각각의 액체를 깨끗하고 작은 병에 넣고 섞는다. 필요하면 증류수나 연한 설탕물로 희석해도 좋다. 여러 가지 풍미가 잘 조화되도록 뚜껑을 닫고 며칠~몇 주 기다린다.

장기 보관

비터스는 여러 해 동안 보관해도 아무 문제 없다.

몇 가지 레시피

나만의 창작 레시피를 만들기 전에 연습할 수 있는 간단한 레시피를 소개한다.(레시피의 분량은 비율을 의미한다)

오렌지 비터스

- 오렌지껍질 12
- 용담 2, 카르다몸 2
- 코리앤더 2, 올스파이스 1

라벤더 비터스

- 라벤더 20
- 오렌지껍질 6, 바닐라빈 2
- 생강 1

커피 비터스

- 커피빈 10
- 카카오빈 3, 쑥 2
- 오렌지껍질 1, 시나몬 1
- 당밀(단맛을 낸다)

JACK MCGARRY

잭 맥개리

잭 맥개리는 훌륭한 눈썰미를 지녔을 뿐 아니라 발명가이기도 하다. 자신의 칵테일 바 「데드 래빗(Dead Rabbit)」의 메뉴 개발을 위해 믹솔로지 관련 고서에 파고들었던 그는, 미국의 제리 토마스, 해리 존슨, 영국의 윌리엄 테링턴, 프랑스의 루이 푸케의 책을 통해 각국의 칵테일 문화를 섭렵했다. 그런데 이 책들은 모두 19세기에 출간된 책들이었으므로 잭 맥개리는 현대 소비자의 입맛에 맞추기 위해 시간을 들여 레시피를 수정했고, 각각의 칵테일을 50~70개의 다른 버전으로 만들어서 가장 좋은 것만 남겼다.
잭의 칵테일 바는 현대화된 아이리시 펍(Irish Pub)이지만 뉴욕에 위치하고 있다. 과거의 멋진 유산이 21세기에 맞게 새 옷을 입은 것이다.
실전 경험을 쌓기 위해 그는 데드 래빗을 개업하기 전, 런던에 있는 칵테일 바 「밀크 앤 허니(Milk & Honey)」에서 실력을 쌓았다.

창작 칵테일

BANKERS
뱅커스

골드 럼 30㎖ • 포트 와인 30㎖ • 위스키 30㎖
라임주스 30㎖ • 홈메이드 산딸기 코디얼 30㎖
더 데드 래빗 오리노코(The Dead Rabbit Orinoco) 비터스 3dash • 너트메그 가루 1꼬집

과일주스와 소다수

많은 칵테일과 목테일에 사용되는 과일주스와 소다수(탄산음료)는
칵테일의 맛을 변질시킬 수 있으므로 신중하게 선택해야 한다.

여러 가지 과일주스

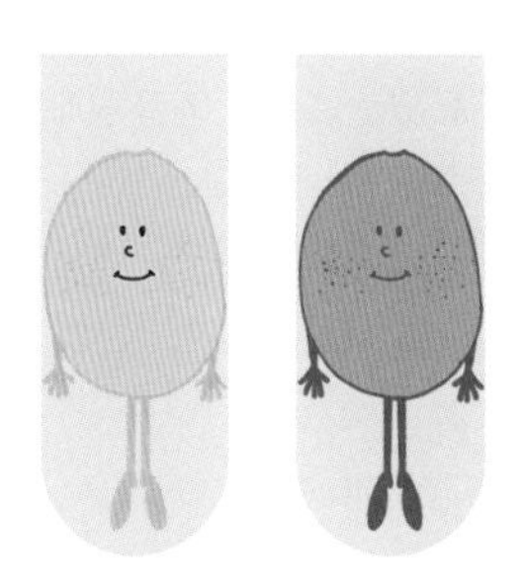

생과일주스

기계식 압착으로 추출한 주스로 신선 제품 코너에서 판매한다. 첨가물이 없다.

장점_ 열처리를 하지 않아 신선한 맛을 즐길 수 있다.

단점_ 48시간 이내에 빨리 소비해야 한다.

저온살균 과일주스

식품 코너에서 판매한다. 100% 과일주스이지만 상당히 긴 시간 동안 저온살균 과정을 거치기 때문에, 박테리아뿐 아니라 주스의 맛이나 영양성분도 많이 제거된다.

장점_ 생과일주스보다 오랫동안 보관할 수 있다. 가격이 저렴하다.

단점_ 저온살균에 의한 맛과 영양성분의 변화(예. 비타민C 50% 감소).

농축액 과일주스

보존성을 높이기 위해 수분을 제거한 주스. 판매하기 전에 물을 첨가한다.

장점_ 장기 보존이 가능하다.

단점_ 저장 상태가 좋지 않아 햇빛이나 열에 노출되어 맛이 변질되는 경우가 많다.

과일넥타

설탕을 첨가하기 때문에 순수한 과일주스로 보기 어렵다. 바나나, 복숭아, 살구처럼 과육이 무르거나 과즙이 적은 과일, 또는 라즈베리, 카시스처럼 100% 주스로 만들기에는 지나치게 신 과일의 경우 넥타로 만드는 경우가 많다.

장점_ 다양한 맛이 난다.

단점_ 영양소는 적고 설탕이 많이 들어 있으며 칼로리도 높다.

G 어떤 것이 진실일까?

믹솔로지에서는 여러 가지 주장이 대립하는 경우가 많다. 한쪽에서는 시판 주스로도 충분하다고 하는가 하면, 다른 쪽에서는 바로 짠 주스만을 고집한다. 사실 몇몇 칵테일의 경우, 주스의 품질이 플러스 요인이 되는 것이 사실이다. 문제는 갓 짜낸 신선한 주스는 매우 빨리 상하기 때문에, 겨우 몇 시간 정도만 냉장보관할 수 있다는 점이다. 그리고 영양소가 빠른 속도로 파괴된다는 것도 단점이다.

신선한 과일주스를 만들기 위한 도구

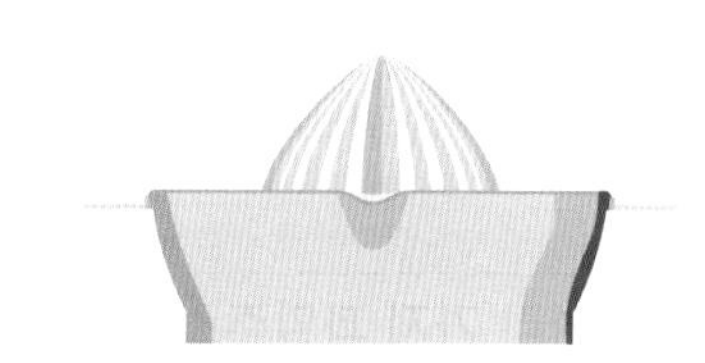

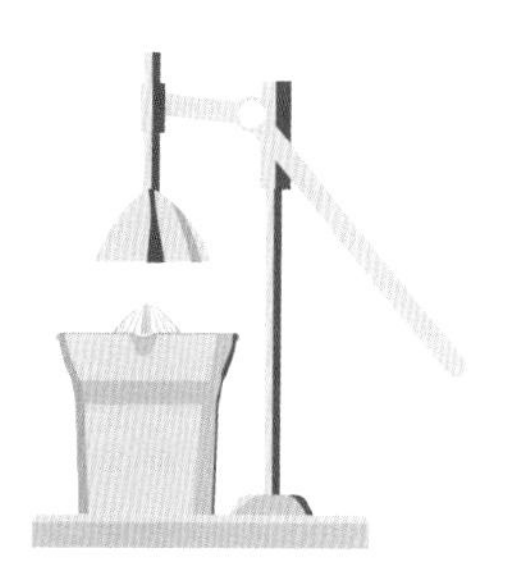

수동식 레몬 스퀴저

간단하고 효과적이지만 레몬과 라임에 적합하며, 다른 감귤류를 사용할 경우 즙이 튈 수 있다.

수동식 감귤류 스퀴저

흔히 볼 수 있는 스퀴저. 감귤류(레몬 포함)의 즙을 간단하게 추출할 수 있다. 유일한 단점은 팔이 아프다는 것이다.

기계식 감귤류 스퀴저

기계식 스퀴저는 힘들이지 않고 빠르게 감귤류의 즙을 추출할 수 있다. 하지만 자리를 많이 차지하고 가격이 상당히 비싸다.

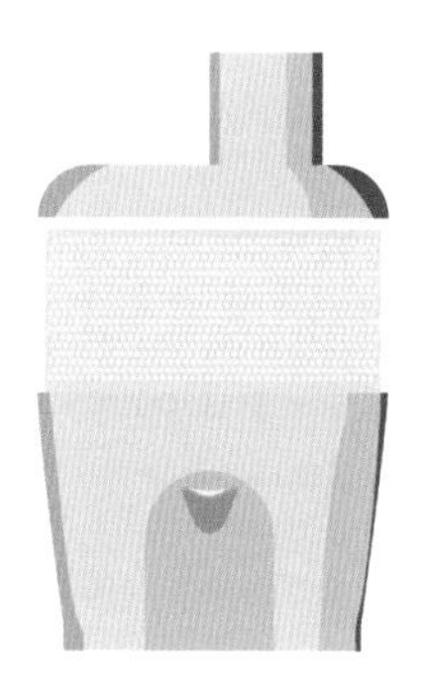

착즙기

요즘 매우 인기 있는 전동 착즙기를 사용하면, 거의 모든 종류의 과일 및 채소의 즙을 추출할 수 있다. 하지만 소음이 크고 자리도 많이 차지하며 신경 써서 관리해야 한다.

블렌더

원활한 작동을 위해서 물을 조금 넣는 것이 좋다. 섬유질이 많은 과일이나 허브를 갈 때 적합하다.

예외도 있다

보드카와 토마토주스로 만든 블러디 메리(Bloody Mary)를 너무 좋아하는데, 마침 믹서나 블렌더도 있으니 직접 기른 토마토로 만들어보고 싶다는 생각을 했다면? 부디 그 생각은 잊어버리길. 완성된 결과물은 전혀 생각했던 칵테일이 아닐 것이다. 블러디 메리는 시판 토마토주스를 사용해야 제대로 맛을 낼 수 있다.

소다수의 종류

토닉워터

키니네 풍미의 탄산음료.
대표 브랜드_ 슈웹스, 피버 트리 등.

진저에일

생강 풍미의 탄산음료.
대표 브랜드_ 캐나다 드라이, 피버트리 등.

진저비어

생강 베이스의 액체를 발효시켜서 만든 탄산음료.
대표 브랜드_ 올드 자메이카, D&G 등.

콜라

천연 식물 추출물과 캐러멜로 풍미를 낸 탄산음료.
대표 브랜드_ 코카콜라, 펩시 등.

레몬 소다

라임과 레몬 추출물로 풍미를 낸 탄산음료.
대표 브랜드_ 세븐업, 스프라이트 등.

리큐어

리큐어는 때때로 잊혀지기도 하지만 칵테일 창작의 핵심 조력자이다.

건강을 위한 음료

중세시대의 리큐어는 건강을 위해 마시는 음료였다. 이름을 히포크라스(Hypocras)라고 했는데, 히포크라테스가 만들었기 때문이라고 전해진다. 레시피는 간단하며 와인, 꿀, 시나몬 등을 사용했다. 리큐어와 함께 10여 가지의 향신료와 허브를 넣은 와인인 가리오피라텀(Garhiofilatum)도 큰 인기를 끌었다. 또한 장거리 운송을 위해 와인에 향신료를 넣어 리큐어를 만들었으며, 수도사들은 자신들이 만든 브랜디에 리큐어를 넣으면 맛이 좋아진다는 사실을 알아내기도 했다. 이처럼 이탈리아에서 만들어진 리큐어를 프랑스에 전한 것은 앙리 2세의 부인인 카트린 드 메디시스(Catherine de Médicis)이다.

이후 장미 베이스의 로솔리오(Rosolio)를 시작으로 리큐어는 진화를 거듭했고, 유럽을 휩쓸며 인기를 누리게 된다. 그 뒤로 프랑스의 「샤르트뢰즈 그린」, 네덜란드의 「큐라소」 등이 등장했으며, 「그랑 마니에르」나 「베네딕틴」은 18세기에 만들어졌다.

G 리큐어 vs 크렘

크렘(Crème)은 당도가 더 높다는 점에서 리큐어와 구분된다. 예를 들어 민트를 넣은 크렘 드 망트(Crème de Menthe)에는 리터당 최소 250g의 설탕이 들어 있으며, 카시스를 넣은 크렘 드 카시스 (Crème de Cassis)에는 리터당 최소한 400g의 설탕이 들어 있다.

다양한 스타일의 리큐어

매우 다양한 리큐어가 있는데 다행히도 몇가지로 분류할 수 있다.

허브

원래 약용으로 사용했던 허브 리큐어에는 민트, 바질, 세이지 같은 단순한 풍미의 리큐어뿐 아니라 샤르트뢰즈처럼 더 복잡한 풍미의 리큐어도 있다.

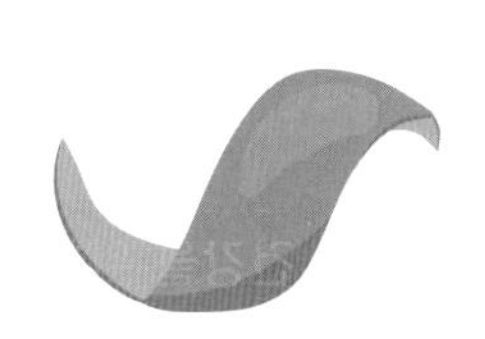

비터스

이 종류의 리큐어는 식전주로도 식후주로도 어울린다. 허브와 향신료 모두 사용할 수 있으며, 쓴맛을 내는 재료로 용담 뿌리, 기나나무껍질, 홉을 사용한다. 감귤류 껍질을 많이 넣어도 쓴맛을 낼 수 있다.

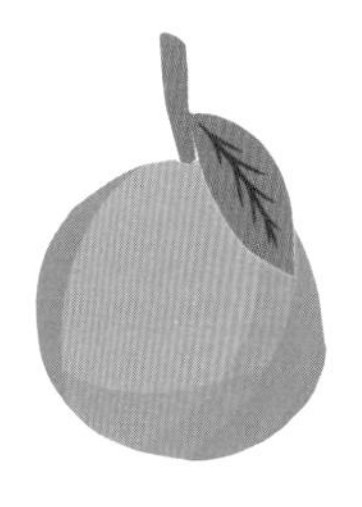

시트러스

시트러스 계열의 리큐어 중 가장 잘 알려진 리큐어는 퀴라소와 트리플 섹이다. 칵테일에 사용하면 감귤류 주스에서는 얻을 수 없는 화려한 느낌이 생긴다. 홈바에 준비해두면 좋은 확실한 선택이다.

과일

거의 모든 과일이 등장하기 때문에 가장 범위가 넓은 분류이다. 심지어 향을 첨가해서 만들 수도 있기 때문에 리큐어로 만들기 힘든 과일로 향을 낸 리큐어도 찾아볼 수 있다.

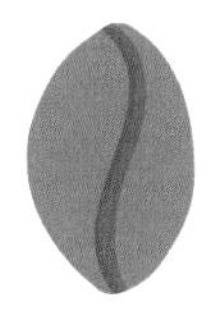

커피

커피 리큐어는 그 자체로 뜨거운 커피 대신 마실 수 있지만, 칵테일의 재료로도 사용할 수 있다.

초콜릿

초콜릿 리큐어는 술에 카카오빈을 우려내서 만든다. 카카오 맛이 매우 강하게 난다.

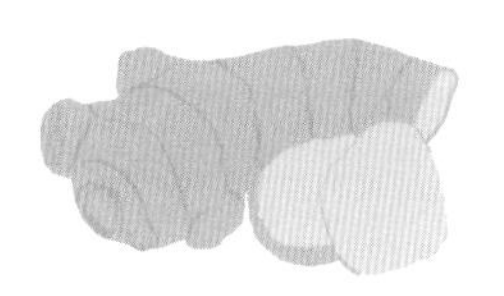

향신료

향신료 리큐어는 칵테일을 요리의 관점에서 보게 해줄 것이다. 생강, 사프란, 고추 또는 아니스가 놀라운 맛을 낸다.

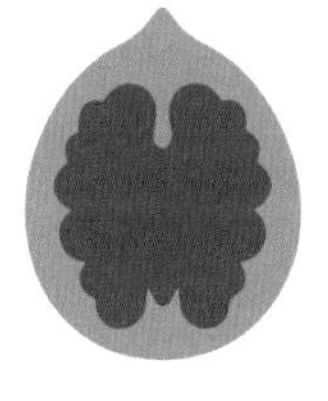

견과류

아몬드, 헤이즐넛 또는 호두는 견과류 리큐어에 가장 많이 사용되는 재료이다. 특히 티라미수의 향을 내는 그 유명한 아마레토(Amaretto)도 이 분류에 속한다.

꽃

엘더플라워, 히비스커스, 제비꽃 등, 향수에 사용하는 것과 같은 아로마를 사용한다. 다만, 꿀의 풍미가 지나칠 수 있기 때문에 조심스럽게 사용해야 한다.

나만의 리큐어 만들기

나만의 리큐어를 만들어보자.
상상하는 만큼 무궁무진한 리큐어를 만들 수 있다.

유일한 문제

시판되는 제품을 쉽게 구할 수 있지만 리큐어를 직접 만드는 것도 얼마든지 가능하다. 가장 어려운 문제는 변성제를 넣지 않은 알코올 도수 90%의 무변성 에탄올을 구하는 것이다. 프랑스에서는 법 해석에 따라 일부 약사는 아직 판매하기도 하지만 판매하지 않는 약사도 있다.

딸기 리큐어

재료_ 가공하지 않은 딸기 500g(가능하면 유기농) • 설탕 500g
무변성 에탄올(90%) 0.5ℓ • 물 0.5ℓ

1. 딸기를 씻어서 물기를 뺀다.
2. 딸기를 으깨어 밀폐용기에 담는다.
3. 무변성 에탄올을 붓고 섞는다.
4. 공기가 통하지 않게 용기를 밀폐한 뒤 한 달 동안 둔다.
5. 설탕과 물을 끓여서 시럽을 만든다.
6. **5**를 식힌 뒤 딸기와 술이 들어 있는 용기에 붓는다.
7. 내용물을 섞은 뒤 12시간 동안 그대로 둔다.
8. 아주 가는 체에 걸러서 병에 담는다.

아버지가 알려주신 「크렘 드 카시스」 레시피

재료_ 카시스 열매 500g • 설탕 500g • 증류주 1/2잔

1. 1.5ℓ 용기에 카시스 열매와 설탕을 넣는다.
2. 공기가 통하지 않게 용기를 밀폐한다.
3. 용기를 해가 드는 곳이나 따뜻한 장소에 보관한다.
4. 가끔씩 용기를 흔들어서 설탕을 녹인다.
5. 몇 주가 지난 뒤 카시스 열매가 쪼글쪼글해지면 액체를 걸러낸다.
6. 걸러낸 액체를 병에 넣고 증류주 1/2잔(약 80㎖)을 첨가한다.
7. 몇 주 더 기다린 뒤 시음한다.

UENO HIDETSUGU

우에노 히데쓰구

1992년에 바텐더 일을 배우기 시작해서
일본 칵테일계의 교과서적인 인물이 된
우에노 히데쓰구[上野英嗣]의 명성은 이제
일본을 넘어 세계로 뻗어나가고 있다.
그는 일본의 칵테일 역사에 정통하며,
얼음을 다루는 놀라운 기술과 고객의 입맛을
만족시키려는 헌신적인 노력 덕분에
세계 최고의 바텐더 중 한 사람이 되었다.
그러나 그는 여전히 겸손한 태도를 잃지 않고 있다.
영어를 모국어만큼 유창하게 구사하는 그를
국제 바텐더 대회 심사위원석에서 만나는 일도
드물지 않다. 하지만 그를 보고 싶다면
도쿄 긴자에 위치한 칵테일 바
「하이 파이브(High Five)」를 방문하는 것이
가장 확실한 방법이다.

창작 칵테일

THE HUNTER
더 헌터

에즈라(Ezra) 버번 7년 40㎖
체리 히어링(Cherry Heering) 리큐어 20㎖

과일과 채소

과일과 채소를 넣은 칵테일이라고 하면 블러디 메리, 미모사 같은 몇몇 이름이 떠오른다.
하지만 이 두 가지가 전부는 아니다.

채소, 트렌드가 되다

장식에 국한된 이야기가 아니다. 뉴욕의 정통 칵테일 바 「더 웨이랜드(The Wayland)」에서는 제철채소를 주스로 만들어서 칵테일에 사용한다. 더 웨이랜드의 마르가리타 레시피에는 케일주스와 생강주스가 포함되어 있다. 뿐만 아니라 래디시나 버섯 비터스도 찾아볼 수 있다.

채소 고르기

장식용이든 주스용이든 채소와 과일은 유기농을 쓰는 것이 좋다. 특히 제스트를 만들기 위해 껍질을 사용한다면 더더욱 그렇다. 감귤류의 껍질에는 어마어마한 농약이 묻어 있기 때문이다.

비타민과 알코올

논란의 여지는 있지만, 알코올(에탄올)과 과일 또는 채소주스의 혼합물을 소량 섭취하는 것은 건강에 좋다고 한다. 어쨌든 미국 농무부 연구원들이 내린 결론이 그렇다. 럼, 보드카나 다른 증류주에 함유된 에탄올이 과일이 가진 항산화력을 증가시킨다는 것이다. 때때로 자두 브랜디를 홀짝이시던 할아버지의 장수 비결이 여기에 있었던 걸까?

채소 베이스의 오리지널 칵테일

노란색

파프리카 칵테일
PAPRIKA COCKTAIL

당신을 깨우기에 이상적인 칵테일!

- 둥글게 썬 파프리카 2조각과 신선한 민트 1ts을 셰이커에 넣고 으깬다.
- 자몽주스 40㎖, 레몬주스 5㎖, 보드카 40㎖, 샤르트뢰즈 20㎖를 넣는다.
- 15초 동안 셰이킹한 뒤 마티니 글라스에 따른다.
- 고리모양으로 자른 파프리카 1조각을 장식한다.

주황색

캐롯 진저 스플래시
CARROT GINGER SPLASH

전날의 과음으로 인한 두통을 없애주는 칵테일!

- 신선한 생강 슬라이스 3조각을 셰이커에 넣고 으깬다.
- 당근주스 80㎖, 사과주스 30㎖, 보드카 40㎖를 넣는다.
- 15초 동안 셰이킹한 뒤 얼음을 가득 채운 잔에 따른다.
- 레모네이드 또는 진저에일을 부어 완성한다.
- 둥글게 썬 라임 1조각을 장식한다.

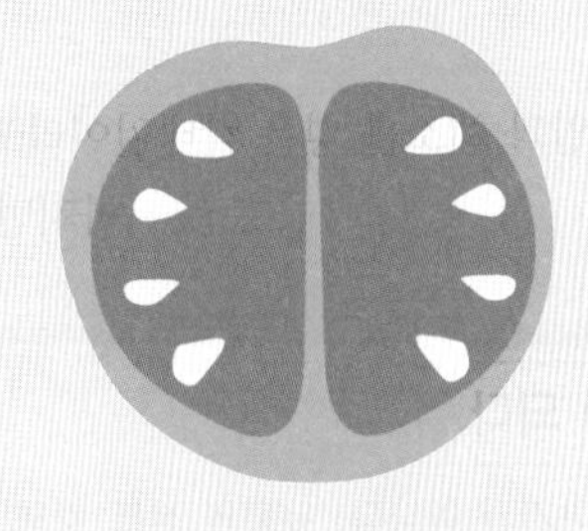

이국적인 정취를 선물하는 칵테일

참신한 칵테일을 만드는 가장 좋은 방법 중 하나는 사람들이 잘 모르는 과일과 채소를 사용하는 것이다.
요리에 사용할 수 있다면 칵테일에도 쓸 확률이 매우 높다. 여기에 몇 가지를 소개한다.

금귤

작은 호두 크기의 오렌지색 감귤류. 껍질이 얇고 칵테일에 쓴맛과 신맛을 더한다.

유자

레몬과 비슷한 유자는 중국이 원산지이며, 야생귤과 의창지(Citrus Ichangensis Swinegle)의 자연교잡종이다. 제스트와 주스로 사용한다.

판다누스

동남아시아 원산의 판다누스(Pandanus) 잎은 요리의 향과 색을 내는 데 사용되며, 「아시아의 바닐라빈」이라고도 한다. 갈거나 작게 잘라서, 또는 시럽으로 만들어서 칵테일에 사용한다.

연한 녹색

오이 마티니
CUCUMBER MARTINI

산뜻한 이 칵테일은 게으름피우고 싶은 오후, 해먹에 누워서 마시기에 안성맞춤이다.

- 오이 슬라이스 3조각과 신선한 민트 1줄기를 셰이커에 넣고 머들러로 으깬다.
- 잘 섞는다.
- 얼음, 레몬주스 10㎖, 진 40㎖를 넣고 강하게 셰이킹한다.
- 완성된 내용물을 마티니 글라스에 따른다.
- 신선한 오이 슬라이스 1조각을 장식한다.

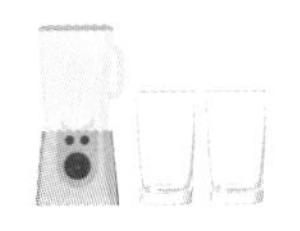

선명한 녹색

토마티요 메리
TOMATILLO MARY

블러디 메리의 초록색 버전인 이 칵테일은 멕시코 요리에 많이 사용하는 장과류인 토마티요(Tomatillo)로 만든다. 아래는 2잔 분량의 레시피.

- 토마티요를 씻어서 껍질을 벗기고 속은 제거한다.
- 토마티요 2개, 작은 오이 1개, 마늘 1쪽, 코리앤더 잎 1장, 할라피뇨 1개를 블렌더에 넣고 간다.
- 소금 1꼬집을 넣는다.
- 2개의 큰 하이볼 글라스를 얼음으로 가득 채운다.
- 각각의 글라스에 보드카 40㎖를 붓는다.
- 블렌더로 갈아놓은 내용물을 각각 나누어 붓고 젓는다.
- 차이브와 신선한 파슬리를 장식한다.

나만의 인퓨징

차를 인퓨징한 보드카, 베이컨을 인퓨징한 위스키 또는 타임을 인퓨징한 진.
나만의 개성적인 술로 사람들을 놀라게 할 아이디어는 무궁무진하다.

다이렉트 인퓨징

몇 가지의 재료와 도구만 있으면 할 수 있는 가장 쉬운 방법이다.

- 원하는 증류주(진, 보드카, 위스키 등)
- 허브, 과일이나 채소
- 밀폐용기
- 거름망(시누아)

과일, 채소, 또는 허브를 씻어서 조각낸다. 작게 조각낼수록 우러나는 속도가 더 빨라진다. 풍미가 진한 껍질은 벗겨내지 않고 남겨둔다. 농약이 아니라 향을 우려내는 것이 목적이므로, 가능하면 유기농 재료를 선택한다.

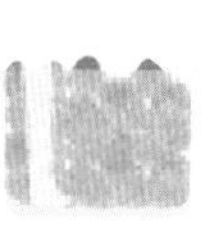

용기에 재료를 넣고 선택한 증류주를 붓는다.

전체를 강하게 흔든 뒤 햇빛이 들지 않는 시원한 곳에 용기를 보관한다. 매일 흔들어서 향이 우러나게 한다. 허브는 며칠 정도면 우러나지만, 과일은 몇 주 정도 지나야 우러난다. 상태를 확인하는 가장 좋은 방법은 매일 맛을 보는 것이다.

액체만 걸러서 냉장고에 보관한다. 그대로 마시거나 또는 칵테일에 사용한다.

기다림이 싫다면?

요리용 사이펀이 당신을 도와줄 것이다. 사이펀에 증류주와 티백 8개(또는 과일, 허브 등)를 넣는다. 가스 캡슐을 충전한다. 셰이킹하고 5~10초 정도 기다린 뒤 공기를 뺀다. 자, 이제 티(또는 여러분이 넣은 재료)를 인퓨징한 증류주가 완성되었다.

다이렉트 인퓨징 레시피

타임 진

- 진 750㎖
- 타임 30줄기

사과-바닐라 보드카

- 보드카 750㎖
- 길게 자른 바닐라빈 2개
- 깍둑썰기한 사과 1개

체리 버번

- 버번 750㎖
- 꼭지를 떼어내고 2등분한 체리 3줌

베이컨-고추 보드카

- 보드카 750㎖
- 익힌 베이컨 5장
- 붉은색 하바네로 고추 3개
- 초록색 세라노 고추 2개

지방을 사용한 인퓨징_ 팻 워싱

팻 워싱(Fat Washing)은 증류주에 지방(예를 들면 오리 지방이나 참기름) 고유의 풍미를 더할 수 있다. 이 현대적인 기술은 미국의 유명한 칵테일 바 PDT의 믹솔로지스트 돈 리(Don Lee)에 의해 고안되었다. 그는 미국을 대표하는 2가지 맛인 베이컨과 버번을 사용했다.

액체 상태의 지방이 준비되었는지 확인한다. 액체 상태가 아니라면 오리 지방의 경우 팬에 넣고 중불로 녹인다.

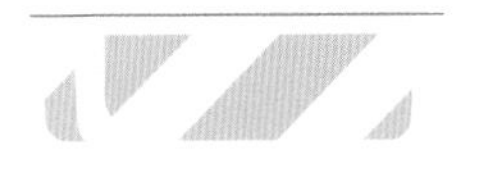

지방과 증류주를 냉동 가능한 용기에 붓는다. 용기를 닫고 흔든 뒤 1시간 동안 그대로 둔다.

용기를 몇 시간 동안 냉동실에 넣어둔다.

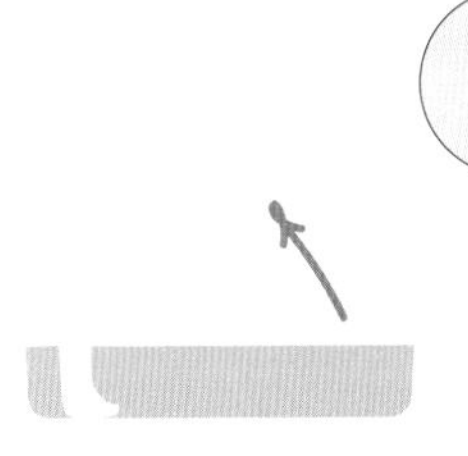

표면에 굳어 있는 막을 제거하고 인퓨징한 액체를 병에 넣어 냉장보관한다.

팻 워싱 칵테일

벤턴스 올드 패션드
(Benton's Old Fashioned)

- 베이컨을 인퓨징한 버번 50㎖
- 메이플 시럽 1ts
- 앙고스투라 비터스 2dash

G 주의사항!

일부 지방은 다른 것보다 「더 강한 향」이 있기 때문에 지나치게 많이 사용하지 않는 것이 좋다(예를 들면 오리 지방은 올리브오일보다 적게 넣어야 한다). 여러분에게 해줄 수 있는 유일한 조언은 이 기술을 사용하려면, 처음에는 적은 양부터 시작해야 증류주 750㎖ 1병을 전부 버리는 사태를 피할 수 있다는 것 뿐이다.

슈럽

슈럽(Shrub)은 유행 중인 욕도 아니고, 전염병 이름도 아니다. 슈럽이란 칵테일에 넣는 가향 식초를 말한다.

전통 방식

믹솔로지와 관련된 많은 것들이 그렇듯이 슈럽 역시 우리 조상들이 이미 사용했었고, 냉장고가 없던 시절에 과일을 보관하기 위한 것이었다. 과일에 식초와 설탕을 섞어서 슈럽을 만들었다.

슈럽의 용도

슈럽은 신맛과 과일향이 농축된 시럽으로 탄산수, 레모네이드 또는 칵테일이나 목테일에 풍미를 내는 용도로 쓰인다. 바텐더는 칵테일에 감귤류 대신 슈럽을 사용한다. 슈럽을 사용하면 심플 시럽으로는 불가능한 복합적인 맛을 낼 수 있다.

나만의 슈럽 만들기

시중에서 구입할 수도 있지만 집에서도 쉽게 슈럽을 만들 수 있다. 또한 제철과일을 사용하여 취향대로 만드는 것도 가능하다.

1

과일을 작게 조각낸다. 딸기와 블랙베리 등 여러 가지 과일을 섞어서 사용할 수 있다.

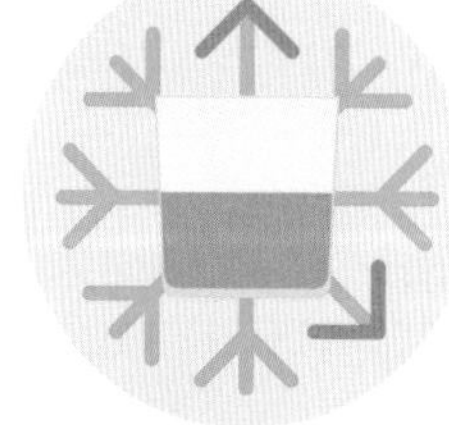

2

과일 1컵당 설탕 1컵을 넣는다. 뚜껑을 덮은 뒤 과일에 따라 하룻밤~2일 동안 냉장보관한다.

3

만들어진 액체만 모은다.
처음 사용한 과일의 양과 같은 양(컵 수)의 식초(레드와인 식초, 화인트와인 식초, 시드르 식초 중 신중하게 선택)를 첨가한다.
전체를 섞는다.

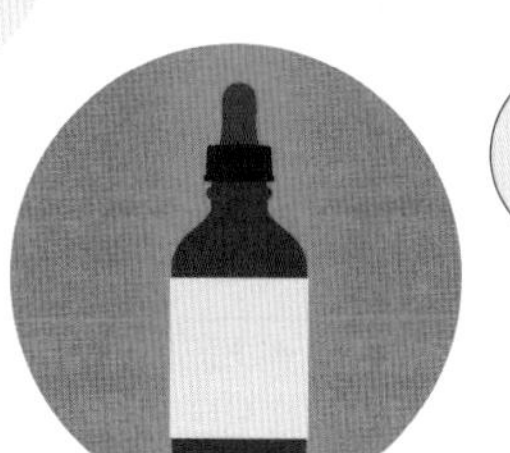

4

이렇게 만든 슈럽을 병에 넣어 보관하고 칵테일을 만들 때 사용한다.

얼마 동안 보관할 수 있을까?

감귤류 주스와 달리 슈럽은 쉽게 상하지 않는다.
완성된 슈럽은 몇 달 정도 냉장보관할 수 있다.

잘 어울리는 조합

딸기
+
백설탕
+
레드와인 식초

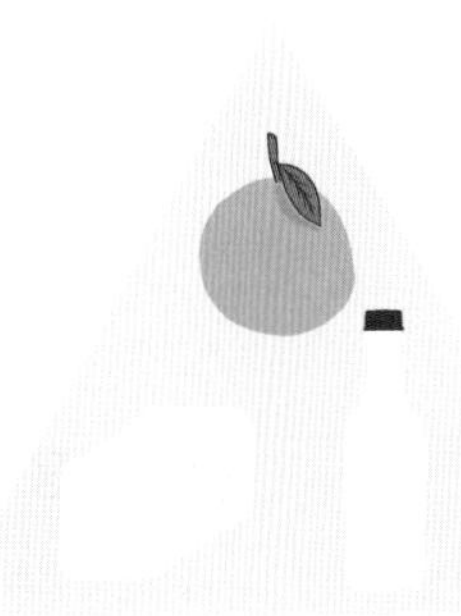

복숭아
+
백설탕
+
화이트와인 식초

석류
+
백설탕
+
후추
+
레드와인 식초

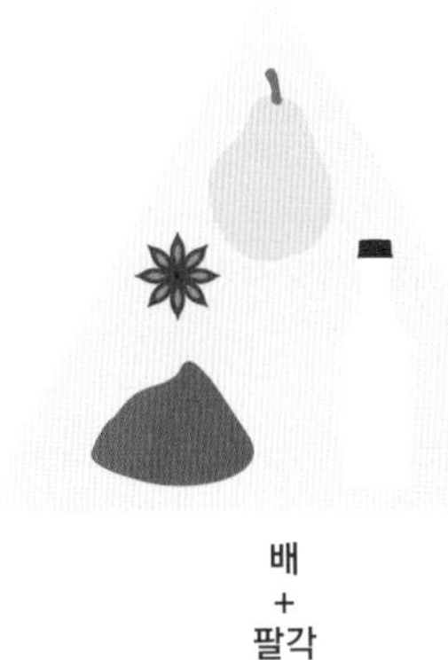

배
+
팔각
+
흑설탕
+
화이트와인 식초

붉은 자두
+
카르다몸
+
흑설탕
+
화이트와인 식초

건강에도 좋은 슈럽!

이미 잘 알려져 있듯이 한국이나 일본 요리에서는 몸에 좋은 식초를 많이 사용하며, 프랑스에서도 옛날부터 식초를 천연 치료제로 사용했다. 식초로 만든 슈럽 역시 항산화 물질이 풍부하며, 시드르 식초로 만든 슈럽의 경우 복통을 진정시키는 효과가 있다.

시럽

달콤한 시럽이 행복했던 어린 시절을 떠오르게 한다면 반가울 것이다.
칵테일을 만들 때 다양한 맛의 시럽이 필요하다.

정의

시럽은 향의 첨가에 관계 없이 감미료를 물에 녹여서 만든 조미료이다. 그 이름은 아랍어 샤랍(Charâb)에서 나온 라틴어 시루푸스(Sirupus)에서 유래되었다.

기본_ 심플 시럽

시럽은 칵테일에 향, 단맛, 색을 내는 역할을 한다. 게다가 만들기도 쉬워서 물 1컵과 설탕 1컵이면 충분하다.
미지근한 물에 설탕을 넣고 완전히 녹을 때까지 저어준다. 만든 시럽은 결정화가 시작되기 전, 1주일 이내에 사용한다. 칵테일 레시피에서는 이 시럽을 「심플 시럽(Simple Syrup)」 또는 「1:1 시럽」이라고 부른다.

리치 시럽

설탕 맛이 진한, 매우 단 시럽을 만들고 싶다면 리치 시럽(Rich Syrup)을 준비한다. 리치 시럽은 일반적으로 사용하는 심플 시럽보다 2배 더 달며, 물 1컵과 설탕 2컵으로 만들 수 있다.
냄비에 설탕과 물을 붓는다. 아주 약한 불(물이 끓지 않도록 주의한다)에 올려서 설탕이 완전히 녹을 때까지 저어준다. 칵테일 레시피에서는 이 시럽을 「2 : 1 시럽」 또는 「리치 시럽」이라고 부른다.

홈메이드 시럽

카르다몸 시럽

만들기도 쉽고 사용하기도 매우 쉬운 이 시럽은 칵테일에 카르다몸의 풍미를 더해준다.

재료

- 물 1컵
- 카르다몸 1/4컵
- 설탕 2컵

1. 카르다몸을 물에 넣고 끓인다.
2. 더 이상 끓지 않도록 불을 줄인다.
3. 설탕을 넣고 완전히 녹을 때까지 저어준다.
4. 뚜껑을 덮고 15분 정도 약불로 끓인다.
5. 불을 끄고 식힌다.
6. 냉장고에서 3일 동안 인퓨징한 뒤 카르다몸을 걸러낸다.
7. 완성된 시럽을 병에 옮겨 담고 냉장보관한다.

심플 시럽의 응용

백설탕 대신 갈색설탕을 사용해서 좀 더 풍부한 맛을 내는 것도 얼마든지 가능하다. 갈색설탕을 사용해서 만든 시럽의 유일한 단점은 칵테일 색깔이 살짝 바뀌는 것이다.
흑설탕, 코코넛 설탕 또는 스테비아를 사용해도 좋다. 맛은 조금씩 다르지만 평소에 자주 사용하는 재료라면 친숙한 맛이다.

「별난」 시럽

시럽을 만드는 회사에서는 바텐더가 시럽을 사용하여 시간을 절약한다는 것을 알고 있다. 그래서 칵테일용으로 달걀흰자 시럽, 스프리츠 시럽, 모히토 시럽 등 흔하지 않은 특별한 풍미의 시럽을 만들기도 하는데, 이런 시럽은 주의해서 사용해야 한다. 실용적이긴 하지만 맛이 항상 보장되지는 않는다.

생강 시럽

다양한 칵테일과 목테일에 어울리는 시럽이다.

재료

- 채썬 생강 1컵
- 설탕 1컵
- 물 3/4컵

1. 냄비에 설탕과 물을 넣고 중불로 가열하면서, 설탕이 완전히 녹을 때까지 저어준다.
2. 생강을 넣는다.
3. 뚜껑을 덮고 15분 정도 약불로 끓인다.
4. 불을 끄고 냄비 뚜껑을 덮은 채로 1시간 정도 식힌다.
5. 생강을 걸러낸 뒤 병에 담는다.
6. 냉장보관한다.

직접 만들까? 아니면 살까?

시럽의 경우에도 역시 2가지 방법이 있다. 어떤 사람들은 자신의 칵테일 레시피에 완벽하게 어울리는 「맞춤」 시럽을 직접 만드는 방법을 선택한다. 반면 시간을 절약하고 오래 보관할 수 있는 시판 시럽을 쓰는 경우도 많다.

불과 함께

태초부터 불은 언제나 인간을 매료시켜왔으며 불의 사용은 인간의 진화에서도 중요한 전환점이었다.
그렇다면 믹솔로지에서는 어떨까? 당신의 일상에 뜨거운 열기를 더해보자.

불을 사용한 최초의 칵테일

불을 사용한 가장 오래된(적어도 가장 유명한) 칵테일은 샌프란시스코의 칵테일 바 「엘도라도(El Dorado)」에서 제리 토마스가 만든, 그 유명한 「블루 블레이저(Blue Blazer)」이다.
제리 토마스는 스털링 실버로 만든 도구와 보석이 장식된 금속잔을 사용해서 이 칵테일을 만들었다. 금을 캐러 온 사람들이 주요 고객이었던 당시에, 그는 바 안에서 보여주는 쇼라는 개념을 처음 만들었다.
블루 블레이저는 외부 기온이 10℃ 이하일 때만 제공되었는데, 블루 블레이저를 만드는 과정은 매우 위험하다. 불을 붙인 위스키를 아치 모양이 되도록 하나의 금속잔에서 다른 금속잔으로 옮겨가며 만들기 때문이다. 전해오는 이야기에 의하면, 제리 토마스는 길이가 무려 1m에 달하는 아치를 만들었다고 한다.

전설의 칵테일 B-52

가장 만나기 쉬운 불을 사용하는 칵테일이다. 샷 글라스에 각각의 재료를 확인할 수 있는 상태로 층층이 쌓아서 서빙하기 때문에 알아보기 쉽다.
1969년 캘리포니아의 말리부에서 만들어진 이 칵테일의 이름은, 베트남 전쟁 당시 소이탄 투하에 쓰였던 미국 폭격기 B-52 조종사들의 이미지에서 영향을 받은 것이다. 엄청나게 많은 B-52의 변종 칵테일이 있는데, 보드카를 넣은 B-53, 트리플 섹 대신 파스티스를 넣은 B-51 등이 있다.

B-52의 재료
- 트리플 섹 30㎖
- 아이리시 크림 리큐어 30㎖
- 커피 리큐어 30㎖

불과 관련된 다른 재료

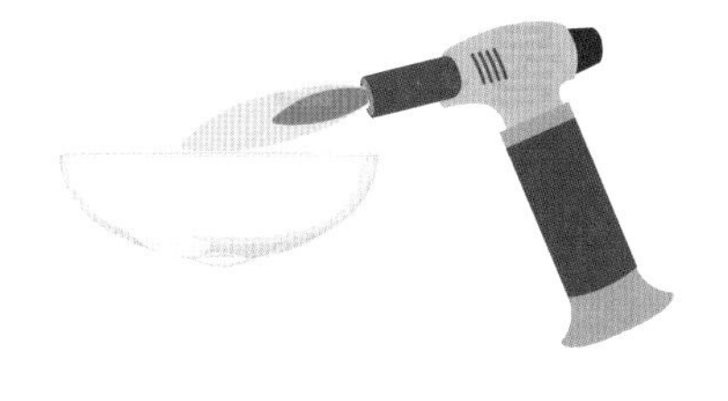

설탕

칵테일에 설탕을 첨가한 것이든, 샤르트뢰즈 그린처럼 설탕이 술에 함유된 성분이든, 불은 설탕을 캐러멜화한다.

허브

허브(로즈메리, 타임, 라벤더)를 태우면 좋은 냄새가 퍼지면서 칵테일에 또 다른 향이 더해진다.

시나몬

불을 붙인 칵테일에 시나몬 파우더를 뿌리면, 프랑스 혁명기념일의 불꽃보다 아름답게 타닥거리는 작은 불꽃을 볼 수 있다.

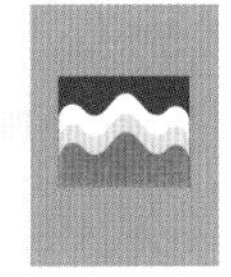

칵테일_ 스모키 마티니, 스모키 메리 등.

칵테일을 직접 훈연하면?

칵테일에 훈연향을 더하기 위해서는 훈연향이 있는 피트 위스키(Peated Whisky)와 메즈칼(Mezcal) 같은 증류주를 사용하거나, 직접 훈연하는 방법이 있다. 직접 훈연하는 경우 아래 작업을 위해 스모킹건이 필요하다.

- 잔의 내부에 훈연향을 입힌다.
- 칵테일에 직접 훈연향을 입힌다.
- 일부 재료에만 따로 훈연향을 입힌다.

불이야!

불을 다루는 작업인 만큼 그와 관련된 위험을 간과해서는 안 된다. 심각한 화상을 입을 수 있을 뿐 아니라, 잘못된 동작 하나 때문에 집을 홀랑 태울 수 있기 때문이다. 이 테크닉은 적합한 장소(나무 테이블 등은 피한다)에서 실행해야 하고, 가능하면 가까이에 물이 있는 곳이 좋다. 상식적으로 지켜야 할 몇 가지 규칙을 알아보자.

- 술이 가득 찬 잔에는 불을 붙이지 않는다.
- 손에 술이 묻어 있는지 반드시 확인한다.
- 병에 든 술을 불 바로 위에서 붓지 않는다.
- 긴 머리는 묶고 길게 늘어지는 옷을 입지 않는다.
- 물이 가까이 있는 곳이나 소화기 근처에서 작업한다.
- 술을 마신 상태에서는 작업하지 않는다.
- 손님들이 지나치게 불 가까이로 오지 못하게 한다.
- 두꺼운 잔을 사용한다. 잔이 너무 얇으면 열기로 인해 잔이 터질 위험이 있다.
- 불꽃이 계속 살아있는 지포 스타일의 라이터나 성냥이 아닌, 일반 라이터를 사용한다.
- 시작하기 전에 작업대를 깨끗이 닦아서, 잔이 아닌 다른 곳에 남아 있는 알코올을 제거한다.
- 마시기 전에 반드시 불을 끈다.

진토닉

진토닉(Gin Tonic)은 단순히 유행하는 칵테일처럼 보이지만, 칵테일 세계에서는 강력한 경쟁 무기가 되기도 한다. 이 마법 같은 물약의 시작은 영국 식민지 시대로 거슬러 올라간다.

역사

모든 것은 안데스 산맥에서 시작되었다. 남아메리카 원주민 케추아(Quechuas)족은 여러 가지 질병의 치료와 해열을 위해 기나나무껍질로 만든 물약(토닉)을 마셨는데, 18세기에 정복자들이 이 물약을 발견하고 유럽으로 가져왔다.

19세기에는 인도의 영국 식민지화가 진행 중이었는데, 오늘날 진토닉을 마실 수 있게 된 데는 인도에 주둔하던 군인들에게 말라리아 예방약으로 진토닉을 처방한 영국 의사들의 공이 컸다. 의사들이 진토닉을 처방한 것은 토닉에 들어 있는 기나나무껍질 추출물인 키니네(Quinine)가 말라리아 예방이나 치료에는 도움이 되지만, 마시기 힘들 정도로 쓴맛이 강했기 때문에, 그래서 나온 아이디어가 바로 진을 섞어서 맛을 부드럽게 만드는 것이었다.

그리고 1858년, 에라스무스 본드(Erasmus Bond)가 처음으로 탄산을 넣은 묘약을 만들어낸다. 이것이 바로 토닉워터로, 오늘날 우리가 아는 토닉워터의 맛과 거의 같은 맛이다.

진토닉 레시피

진토닉 레시피는 수십 가지나 있는데, 오리지널 레시피는 다음과 같다. 얼음을 채운 스니프터(Snifter) 글라스에 진 30㎖를 부은 다음, 잔을 살짝 기울여서 취향에 맞는 토닉워터를 첨가한 뒤 스푼으로 젓는다. 취향에 따라, 또는 재료와 사용한 진의 특징에 따라 레몬제스트나 오이 슬라이스 1조각, 핑크 페퍼콘 등을 장식한다.

모두의 입맛을 만족시키는 토닉워터

토닉워터에서 오로지 강장제 맛만 나던 것은 아주 오래전 일이다. 지금은 모두의 입맛을 만족시킬 수 있을 만큼 이국적인, 또는 꽃이나 향신료의 풍미를 더한 다양한 토닉워터가 있다.

대표 브랜드_ 슈웹스 프리미엄 믹서(Schweppes Premium Mixers), 피버트리, 펜티먼스(Fentimans) 등.

나만의 진토닉 만들기

나에게 딱 맞는 진토닉을 찾는 가장 좋은 방법은 스스로 만드는 것이다. 당신을 돕는 차원에서 간단한 레시피를 공개한다.

재료_ 물 4컵 • 다진 레몬그라스 1컵 • 기나나무껍질 가루 1/4컵(약재 판매점이나 인터넷에서 구매 가능) • 오렌지 1개 분량의 제스트와 즙 • 레몬 1개 분량의 제스트와 즙 • 라임 1개 분량의 제스트와 즙 • 올스파이스 열매 1ts • 시트르산 1/4컵 • 소금 1꼬집 • 설탕(1번 과정에서 만든 액체 1컵당 설탕 1컵의 비율로 준비)

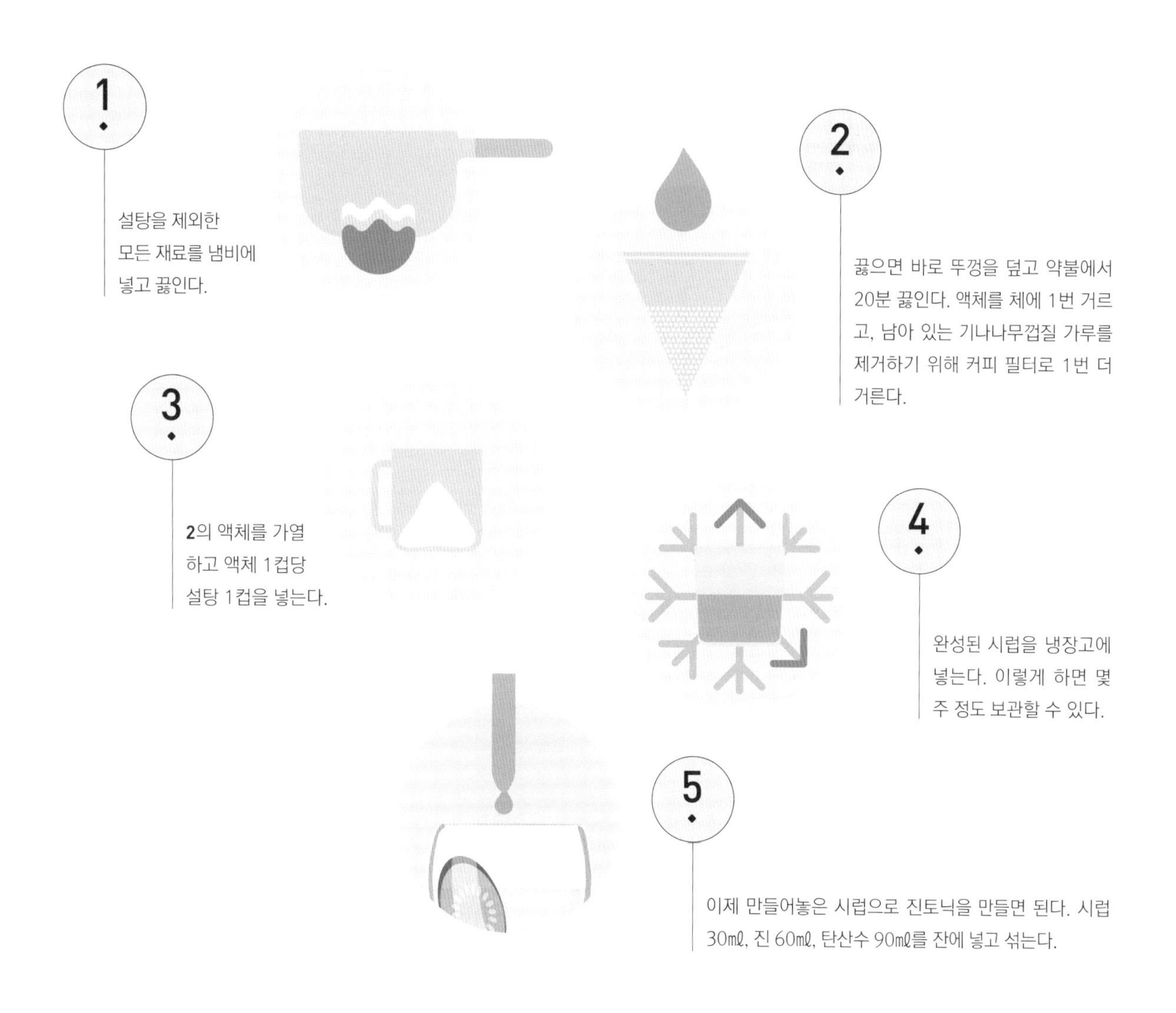

1. 설탕을 제외한 모든 재료를 냄비에 넣고 끓인다.

2. 끓으면 바로 뚜껑을 덮고 약불에서 20분 끓인다. 액체를 체에 1번 거르고, 남아 있는 기나나무껍질 가루를 제거하기 위해 커피 필터로 1번 더 거른다.

3. **2**의 액체를 가열하고 액체 1컵당 설탕 1컵을 넣는다.

4. 완성된 시럽을 냉장고에 넣는다. 이렇게 하면 몇 주 정도 보관할 수 있다.

5. 이제 만들어놓은 시럽으로 진토닉을 만들면 된다. 시럽 30㎖, 진 60㎖, 탄산수 90㎖를 잔에 넣고 섞는다.

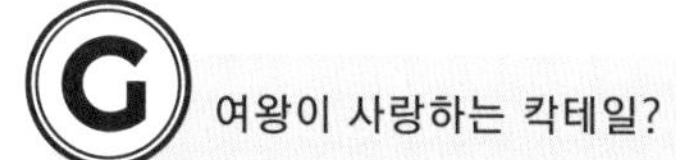

여왕이 사랑하는 칵테일?

소문에 의하면 진토닉은 영국 여왕이 가장 좋아하는 칵테일로 여왕은 매일 점심식사 전에 진토닉을 마셨다고 한다. 소설이나 영화 속 주인공처럼 엘리자베스 2세 여왕도 자신의 취향에 맞게 베르무트를 넣은 진토닉을 즐겼다.

찬장의 「묵은」 술 없애기

할아버지가 돌아가신 뒤 술 컬렉션을 물려받았다면?
그 술의 가치를 높이고 현대적인 취향에 맞게 즐길 수 있는 칵테일이 있다.

프랑스의 증류주

세계적인 브랜드의 측면에서 보면 거의 획일화된 주류 산업 분야에서, 뉴욕과 런던의 일부 믹솔로지스트들은 프랑스가 믹솔로지에서 어떤 녹창성을 빌휘힐 수 있을지 조사했다. 그렇게 프랑스의 엄청난 주류 유산을 발견한 이들은 여전히 프랑스의 주류에 관심을 갖고 있으며, 이를 계기로 전 세계에서 프랑스 증류주가 재조명되고 있다.

요즘 트렌드는 오래된 술

먼지를 잔뜩 뒤집어쓰고 있는 작은 술병이 당신의 좋은 친구가 될 수도 있다. 예전에는 그대로 마시는 술이었더라도 지금은 조금 다르다. 믹솔로지 바람이 불면서 복합적인 향과 풍미로 칵테일을 특별하게 만들어 줄 수 있는 「잊혀진」 증류주들이 다시 주목 받고 있다.

용담 리큐어

쉬즈 스프리츠(Suze Spritz)
쉬즈 리큐어 30㎖ • 스파클링 와인 120㎖
복숭아 시럽 1dash

아니제트

나이트 캡(Night Cap)
브랜디 1/3 • 아니제트 리큐어 1/3
퀴라소 1/3 • 달걀노른자 1개

칼바도스

폼폼(Pom'pom)
핑크 페퍼콘 6~7개 • 신선한 바질잎 3장
설탕 시럽 20㎖ • 신선한 레몬주스 20㎖
칼바도스 40㎖ • 탄산수 30㎖

- 핑크 페퍼콘을 셰이커에 넣고 으깬다.
- 설탕 시럽, 레몬주스, 칼바도스를 넣고 얼음을 가득 채운다.
- 10초 동안 셰이킹한다.
- 스트레이너로 내용물을 걸러내면서 따른다.
- 탄산수를 첨가한다.

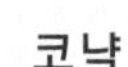

코냑

상토르(Centaure)
Vsop 등급 코냑 40㎖ • 진저에일 100㎖
레몬제스트 1조각

압생트

밥 말리 압생트(Bob Marley Absinthe)
탄산수 60㎖ • 압생트 30㎖
레몬주스 30㎖ • 오렌지주스 30㎖
설탕 1ts • 민트잎 8장

나만의 용담 리큐어 만들기

순수 「홈메이드」 추종자라면?
여기 혼자서도 만들 수 있는 레시피를 공개한다.

재료(3병 분량)
말린 용담 뿌리 20g(약재상에서 구입) • 오렌지껍질 4개 분량 • 레몬껍질 1조각
드라이 화이트와인 2ℓ • 브랜디 500㎖ • 슈거파우더 400~500g

- 와인 1ℓ에 용담 뿌리와 오렌지껍질을 15일 동안 담가둔다.
- 걸러낸다.
- 나머지 와인 1ℓ에 설탕을 넣고 설탕이 녹을 때까지 데운다.
- 설탕을 녹인 와인을 식힌 뒤 용담 뿌리와 오렌지껍질을 담가두었던 와인을 넣는다.
- 힘차게 저어서 섞는다.

가장 오래된 증류주 브랜드

세계에서 가장 오래된 증류주 브랜드에 대해 알고 싶다면 네덜란드 암스테르담으로 가야 한다. 1575년 볼스(Bols) 가문이 그 이름을 따서 만든 이 브랜드는, 오랜 시간이 지난 지금도 증류주 시장에서 중요한 위치를 차지하고 있다.

메이드 인 프랑스 칵테일

칵테일은 미국에서 만들어졌지만, 칵테일 세계에는 메이드 인 프랑스 레시피도 많다.

아니스 증류주를 베이스로 만든 프랑스 칵테일

모레스크 (Mauresque)

- 아니스 증류주 20㎖
- 아몬드 시럽 1dash
- 물 100~140㎖

토마트 (Tomate)

- 아니스 증류주 20㎖
- 그레나딘 시럽 1dash
- 물 100~140㎖

페로케 (Perroquet)

- 아니스 증류주 20㎖
- 민트 시럽 1dash
- 물 100~140㎖

푀이유 모르트 (Feuille Morte)

- 아니스 증류주 20㎖
- 민트 시럽 1dash
- 그레나딘 시럽 1dash
- 물 100~140㎖

코르니숑 (Cornichon)

- 아니스 증류주 20㎖
- 바나나 시럽 1dash
- 물 100~140㎖

카나리 (Canari)

- 아니스 증류주 20㎖
- 레몬 시럽 1dash
- 물 100~140㎖

와인 베이스의 프랑스 칵테일

루주 리메 (Rouge Limé)

- 레드와인 80㎖
- 레모네이드 40㎖

퐁 드 퀼로트 (Fond de Culotte)

- 용담 리큐어 90㎖
- 카시스 시럽 30㎖

블랑 카시스 (Blanc-Cassis)

- 부르고뉴산 크렘 드 카시스 지거의 작은 컵으로 1번(24㎖)
- 화이트와인(부르고뉴 알리고테) 지거의 작은 컵으로 5번(120㎖)

수프 샹프누아즈 (Soupe Champenoise)

6인분

- 트리플 섹 1국자
- 샴페인 1병
- 라임주스 1국자
- 사탕수수 시럽 1국자

빈티지한 프랑스 칵테일

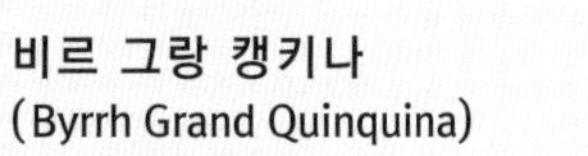

비르 그랑 캥키나 (Byrrh Grand Quinquina)

- 비르 그랑 캥키나 1/3
- 레모네이드 또는 토닉워터 2/3
- 신선한 과일 몇 조각(장식용)

듀보네 칵테일 (Dubonnet Cocktail)

- 듀보네 레드 30㎖
- 진 30㎖
- 오렌지 비터스 1dash

오리지널 화이트 레이디 (Original White Lady)

- 민트 파스티유 리큐어 25㎖
- 트리플 섹 50㎖
- 신선한 레몬주스 25㎖

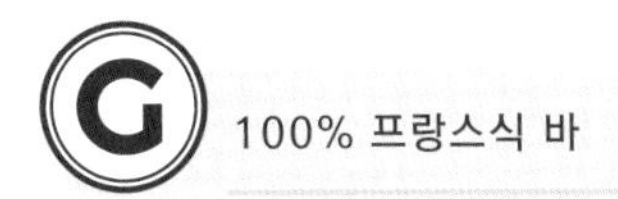

100% 프랑스식 바

파리의 프랑스식 바에서는 프랑스산 술로 만든 「콕텔(Coquetels, 칵테일의 프랑스식 발음)」만 주문할 수 있다.

프랑스를 대표하는 르 생디카(Le Syndicat)

파리에 있는 조금 특별한 이 바의 주인, 설리반 도(Sullivan Doh)는 자신의 바에서 예외 없이 오로지 프랑스산 증류주만 제공하기로 결정했다.

파리의 해리스 뉴욕 바

파리에 있는 헤리스 뉴욕 바(Harry's New York Bar)는 그 자체로 하나의 전설이다. 1911년에 파리 2구 중심가에 문을 연 이 뉴욕 스타일의 바는 장 폴 사르트르, 어니스트 헤밍웨이 같은 유명인사들에게 받은 사랑을 자랑으로 삼고 있다.

또한 이 바의 명성은 칵테일 덕분에 생겨나기도 했다. 심지어 블러디 메리나 화이트 레이디 같은 유명한 칵테일을 이 바에서 만들었다고 주장하는 사람도 있다. 비록 최근 연구가 이런 주장에 의문을 제기하고 있지만, 그럼에도 불구하고 해리스 뉴욕 바는 영원한 전설이다.

칵테일의 오크통 숙성

과거에는 증류주, 와인, 맥주 숙성에 사용되었던 나무통이 오늘날에는 칵테일로 영역을 넓히고 있다.
모험과 변화를 원한다면 오크통 숙성에 도전해보자.

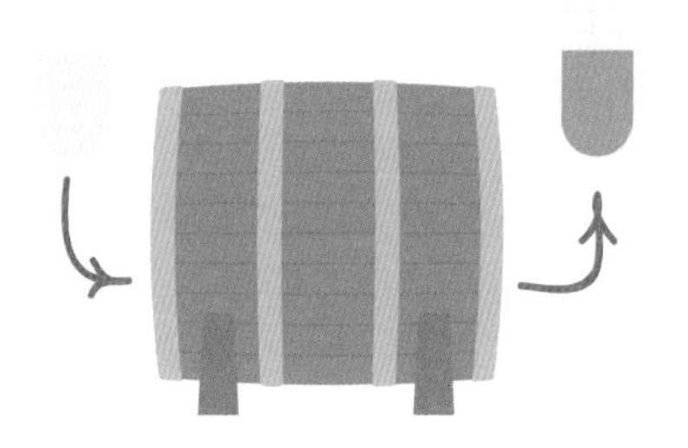

왜 오크통일까?

눈앞에서 바로 만들어내는 칵테일과는 달리 오크통에서 숙성시키는 칵테일은 「시간이 걸린다」. 준비가 되면 칵테일과 오크통이 접촉해서 숙성되도록 가만히 둔다.
이 방법은 2가지에 영향을 미친다.

- 칵테일의 색깔
- 코와 입으로 느끼는 아로마와 풍미

어떻게 진행될까?

다른 인퓨징과 마찬가지로 액체와 접촉하는 고체 재료의 표면적이 인퓨징 속도에 영향을 준다. 따라서 큰 통보다 작은 통을 사용해야 칵테일 숙성이 더 빨리 진행된다. 오크통의 크기와 레시피에 따라 칵테일 숙성은 며칠~몇 주가 걸릴 수 있다. 자주 맛을 보고 오크통을 매일 1/4씩 회전시켜 액체가 오크통 표면 전체와 접촉하게 하는 것이 매우 중요하다.

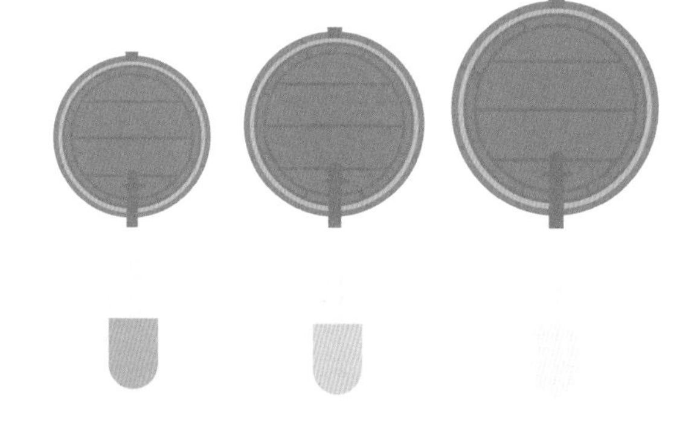

주의!

오크통에서 칵테일을 숙성시키려면 몇 가지 주의할 점이 있다.
빨리 부패하는 재료(유제품, 달걀흰자, 과일주스 등)는 피해야 한다.

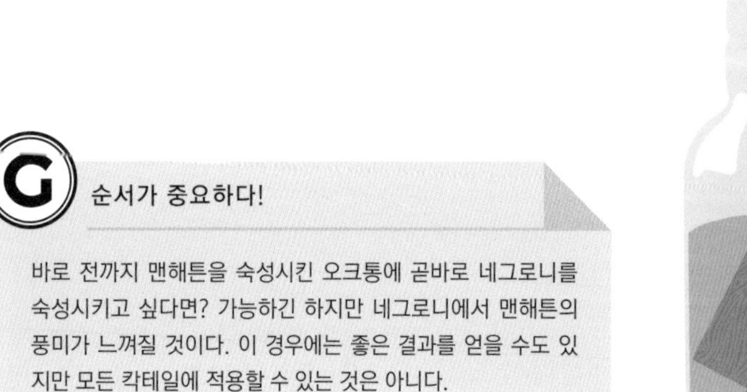

순서가 중요하다!

바로 전까지 맨해튼을 숙성시킨 오크통에 곧바로 네그로니를 숙성시키고 싶다면? 가능하긴 하지만 네그로니에서 맨해튼의 풍미가 느껴질 것이다. 이 경우에는 좋은 결과를 얻을 수도 있지만 모든 칵테일에 적용할 수 있는 것은 아니다.

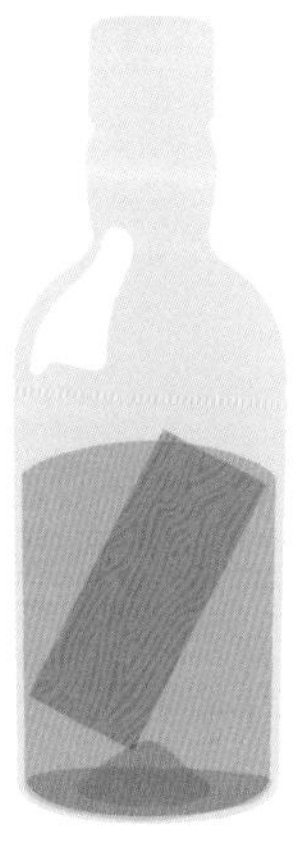

오크통이 없다면?

병 내부에 나무조각을 넣은 350㎖ 용량의 술병을 사용해도 좋다. 또는 미리 참나무 칩을 넣어둔 용기를 사용하는 방법도 있다.

숙성 칵테일 만들기

상상력을 마음껏 발휘해도 좋다. 하지만 분량에 대해서는 잘 생각해야 한다. 만들기 전에 자신의 레시피를 심사숙고할 필요가 있다. 즉흥적으로 만들면 완성된 칵테일을 모두 버릴 수도 있다.

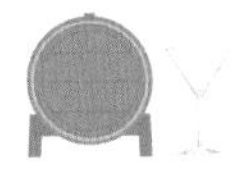

맨해튼 (Manhattan)

- 라이 또는 버번 위스키 750㎖
- 레드 베르무트 250㎖
- 앙고스투라 15dash

네그로니 (Negroni)

- 진 330㎖
- 레드 베르무트 330㎖
- 캄파리 330㎖

로얄 네이비 (Royal Navy)

- 진 330㎖
- 칼바도스 330㎖
- 크렘 다브리코 330㎖

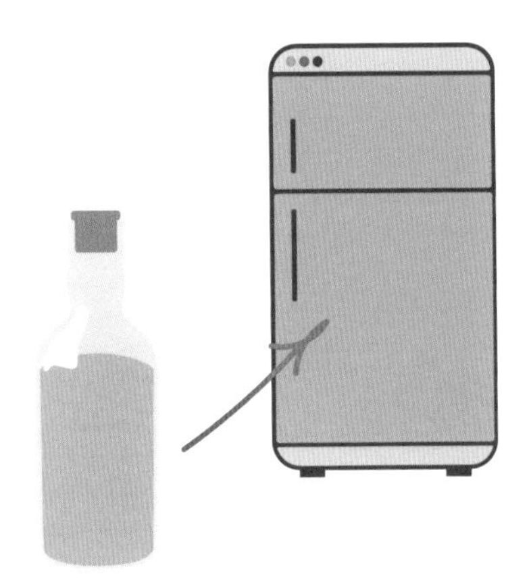

병입과 보관

숙성 칵테일은 보관이 매우 중요하다. 밀봉 가능한 유리병을 사용하고, 병입한 칵테일은 냉장보관한다. 이렇게 하면 산화를 억제할 수 있다. 냉장보관한 칵테일은 1~2주 정도 지나면 맛이 변하기 시작한다. 풍미는 약해지고 복합적인 맛은 덜 나면서 쓴맛이 강해진다. 따라서 1주일 이내, 적어도 10일 이내에 다 마시는 것이 좋다.

어디서 살까?

인터넷에서 작은 오크통을 쉽게 구입할 수 있다. 하지만 중고제품의 경우에는 그 전에 무엇이 담겨 있었는지 알 수 없기 때문에 주의해야 한다. 오크통을 제작하는 곳에서 직접 구매하는 것도 좋은 방법이다. 한 걸음 더 나아가 와인, 포트와인 등을 오크통에 먼저 보관한 다음, 통을 비우고 칵테일을 담으면 나만의 개성을 살린 숙성 칵테일을 만들 수 있다.

서빙

칵테일을 서빙하기 위해서 필요한 양을 계량한 다음, 얼음이 든 잔에 칵테일을 따르고 저어서 차갑게 식힌다. 차가운 칵테일은 재료가 냉각되어 희석이 덜 되기 때문에 상온으로 마시는 칵테일보다 맛이나 향이 더 강하다. 칵테일을 서빙하기 전에 맛을 보고 물을 첨가해야 할지 확인한다.

오크통 관리

사용하지 않을 때도 오크통은 젖은 상태를 유지해야 한다. 물을 사용하는 것은 좋지 않고, 가장 좋은 방법은 칵테일이나 증류주를 통 안에 남겨놓는 것이다.

그 밖의 술로 만든 칵테일

친구들을 놀라게 하거나 특별한 경험을 하고 싶다면?
잘 알려지지 않은 특별한 술을 베이스로 만든 칵테일을 시음하는 것도 좋은 방법이다.

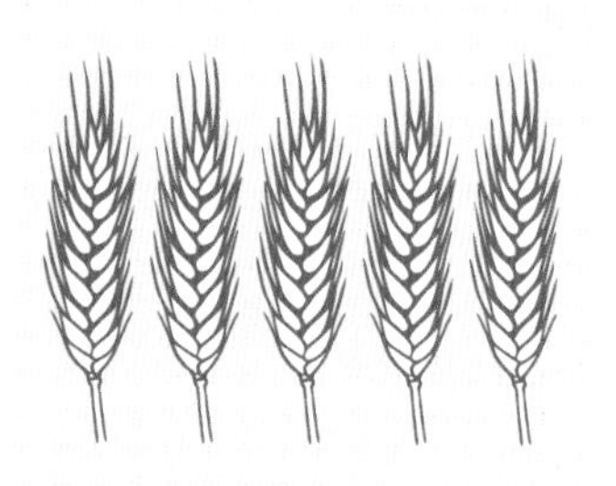

아쿠아비트

어떤 것일까?

아쿠아비트(Aquavit)는 곡물 또는 감자로 만든 브랜디의 일종으로, 다양한 아로마 물질(캐러웨이, 아니스, 펜넬, 시나몬, 오렌지 비터스)로 향을 낸다. 아쿠아비트의 주요 생산국과 소비국은 스칸디나비아 국가들이다.

칵테일
THE 866

- 아쿠아비트 30㎖
- 신선한 자몽주스 30㎖
- 캄파리 30㎖
- 봄에 수확한 딜(장식용)
- 잔 테두리에 묻힐 소금

메즈칼

어떤 것일까?

메즈칼(Mezcal)은 아가베(용설란)를 원료로 만든 술로 원산지는 멕시코이다. 아가베에는 여러 종류가 있는데 각기 조금씩 다른 메즈칼을 만든다. 테킬라는 멕시코의 테킬라 지방에서 나는 블루 아가베의 수액으로 만든다.

칵테일
메즈칼 네그로니 (Mezcal Egroni)

- 메즈칼 30㎖
- 캄파리 30㎖
- 베르무트 30㎖
- 오렌지제스트 1조각(가니시용)

피스코

어떤 것일까?

페루 원산의 피스코(Pisco)는 페루에서 가장 사랑받는 술이다. 포도를 송이째 증류한 브랜디의 일종으로, 주로 당 함유량이 매우 높은 더운 지방의 포도를 사용한다.

칵테일
피스코 사워 (Pisco Sour)

- 피스코 60㎖
- 라임주스 30㎖
- 심플 시럽 15㎖
- 달걀흰자 1개
- 앙고스투라 비터스 조금

어디에서 구할까?

거짓말을 하지는 않겠다. 사실 가장 어려운 것은 칵테일을 만드는 것이 아니라 필요한 술을 찾는 것이다. 제일 쉬운 방법 중 하나는 여행지에서 사오는 것이다. 단, 나라마다 구매 가능한 양이 정해져 있음을 명심해야 한다. 다른 방법은 인터넷에서 주문하는 것이다. 이 경우엔 세금 때문에 가격이 올라갈 수도 있다. 병이 깨지는 경우도 흔히 발생한다.

마스티카

어떤 것일까?

보통 아니스, 또는 아니스와 다른 허브를 함께 섞어서 향을 낸 증류와인이나 브랜디로 만든다. 그리스 키오스섬의 마스티카(Mastika)는 천연 매스틱 수지로 만들며, 유일하게 아니스 향이 없다. 키오스섬은 전통적으로 매스틱 나무(양유향 나무)를 재배하는 세계에서 몇 안 되는 지역 중 하나로, 브랜디 베이스의 마스티카를 만든다.

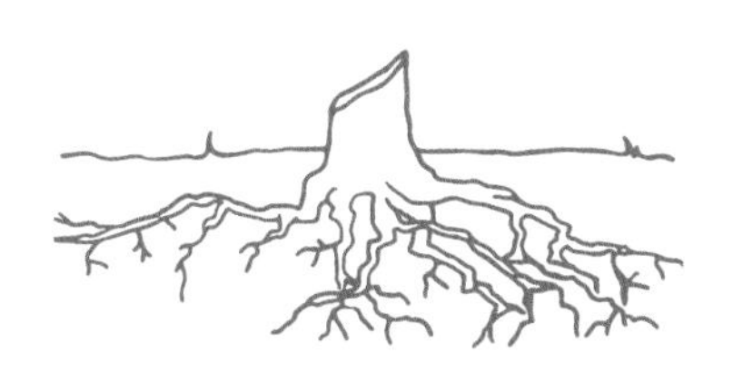

소주

어떤 것일까?

한국이 원산지로 전통적으로 곡류를 원료로 만드는 술이지만, 대부분 감자, 밀, 보리, 고구마 또는 타피오카 전분 등을 보충하거나 대체한다.

마마후아나

마마후아나(Mamajuana)는 그 자체로 하나의 칵테일이라고 할 수 있다. 도미니카 공화국이 원산지로, 레시피에 따르면 같은 비율로 섞은 레드와인, 골드 럼, 꿀에 8~16가지의 허브, 식물 뿌리와 껍질을 우려서 만든다. 정력에 좋아 「액체 비아그라」라는 별명을 갖고 있다.

칵테일
코스모폴리스
(Cosmopolis)

- 마스티카 20㎖
- 보드카 30㎖
- 크랜베리주스 20㎖
- 라임주스 10㎖

칵테일
서울 선셋
(Seoul Sunset)

- 소주 30㎖
- 샹보르 리큐어 15㎖
- 진 15㎖
- 레몬즙 1/2개 분량
- 레몬제스트 1조각(가니시용)

기상천외한 칵테일 재료

잘 알려지지 않은 술로 만든 칵테일에 대해 배웠으니, 이번에는 놀라운 재료들을 시험해볼 차례이다.

푸아그라

「푸아 더 헬 오브 잇(Foie The Hell Of It)」이라는 이름의 칵테일은 포틀랜드의 식당 「옥스(Ox)」에서 그렉과 가브리엘 덴튼이 고안하였다. 사과 브랜디, 일라이자 크레이그(Elijah Craig, 버번위스키) 12년, 레몬주스, 생강 시럽, 딸기 퓌레, 루바브 콩포트, 달걀흰자, 레몬 비터스, 후추 1꼬집, 냉동 거위간 등을 사용한다.

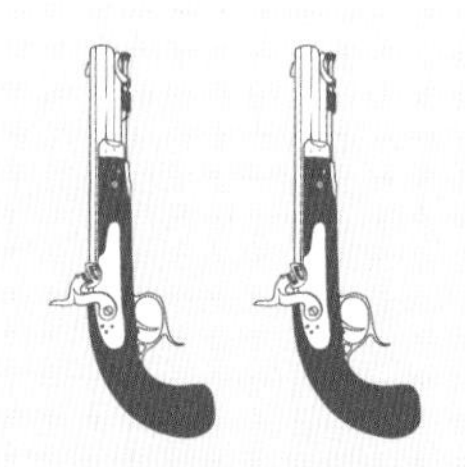

권총 화약

화약 음모 사건의 주모자, 가이 포크스(Guy Fawkes)에게 영감을 받은 칵테일 「건파우더 플롯(Gunpowder Plot)」은 매우 특이한 재료로 만든다. 바로 총에 사용하는 화약이다. 진에 화약을 우려낸 뒤 이탈리아산 비터스 페르넷 브랑카(Fernet-Branca)와 섞는다. 그리고 화약의 연기로 칵테일에 향을 입힌 뒤 서빙한다.

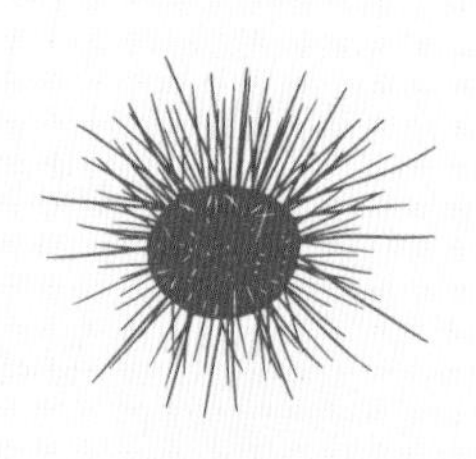

성게

LA에 있는 폿 바(Pot Bar)에서는 성게를 넣은 칵테일, 「라인(Line)」을 맛볼 수 있다. 성게 농축액과 테킬라를 섞은 칵테일로, 여기에 몇 가지 해초를 곁들인다.

뱀 피

베트남에서는 이 칵테일을 시음하기 전에 살아 있는 뱀을 고를 수 있다. 그러면 눈앞에서 뱀을 죽이고 피를 뺀 뒤 보드카에 넣어줄 것이다. 무모한 행동을 하지 않도록 주의하자.

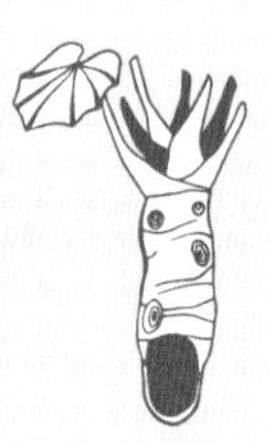

와사비

전통 블러디 메리에 질렸다고? 그렇다면 와사비를 인퓨징한 보드카로 만든 블러디 메리를 즐겨보자. 정신이 번쩍 들 것이다.

발가락

캐나다 도슨 시티에 있는 다운 타운(Down Town) 호텔의 바에서는 알코올 병에 보관된 사람의 발가락을 넣은 칵테일을 맛볼 수 있다.

말차

어떤 것일까?

말차는 녹차를 맷돌로 갈아서 만든 부드러운 가루이다. 녹차 가루는 일본식 다도에 사용되거나 다양한 음식에 색이나 향을 내는 데 쓰인다.

칵테일

말차 민트 줄렙 칵테일 (Malcha Mint Julep Cocktail)

버번 위스키 50㎖ • 말차 1ts • 탄산수 100㎖(민트향이 나는 것이 좋다) • 라임 1개 분량의 즙 • 신선한 민트 1/2묶음 • 갈색설탕 2TS • 얼음 • 물 • 장식용 민트 줄기

1. 볼에 물을 천천히 부으면서 골고루 잘 섞일 때까지 말차를 잘 섞는다.
2. 셰이커에 민트잎과 갈색설탕을 넣는다. 라임즙을 넣은 다음 머들러로 조심스럽게 으깬다.
3. 셰이커에 버번을 부은 뒤 **1**의 맛차를 붓는다.
4. 15초 동안 셰이킹한다.
5. 스트레이너로 내용물을 걸러내면서 따른다.
6. 탄산수로 칵테일을 마무리한다.
7. 민트 줄기를 장식한다.

콤부차

어떤 것일까?

콤부차(Kombucha)는 신맛이 나는 음료로 몽골이 원산지이다. 당을 첨가한 상태(차 또는 허브티에 설탕을 1ℓ당 70g의 비율로 넣거나 꿀 또는 포도주스를 섞는다)에서 배양한 박테리아와 효모의 공생 배양체를 이용해서 만든다. 러시아와 중국에서는 전통적으로 녹차 또는 홍차에 설탕을 넣어 콤부차를 만든다.

칵테일

콤부토 칵테일 (Kombuto Cocktail)

파인애플 200g • 중간 크기 민트잎 8장 • 레몬 ½개 분량의 즙 • 아가베 시럽 1TS • 물 60㎖ • 콤부차 250㎖

1. 콤부차를 제외한 모든 재료를 블렌더에 넣는다.
2. 부드러운 주스 상태가 될 때까지 갈아준다.
3. 잔에 따르고 콤부차를 넣는다.

알코올 도수 계산하기

바텐더나 칵테일 애호가라도 여러 가지 증류주로 만들고 희석까지 한 칵테일의 알코올 도수를 쉽게 알기는 힘들다. 좀 더 명확하게 알 수 있는 몇 가지 팁을 소개한다.

귀찮은 사람들은

가장 간단한 방법은 「말리간드 끓는점 측정기(Malligand Ebullioscope)」를 사용하는 것이다. 1875년경에 발명된 이 기구는 가열기, 정밀 온도계, 작은 보일러와 냉매 용기로 구성되어 있다. 액체를 기계에 넣으면 가열되며, 액체의 끓는점에 따라 알코올 도수를 알 수 있다.

연습하기

럼-콜라를 만든다.

- 럼(40%) 40㎖
- 콜라(0%) 80㎖

전체의 1/3 분량인 럼에만 알코올이 들어 있다. 그러므로 전체 칵테일의 알코올 도수는 13.3%(40/3)가 된다. 쉽지 않은가! 그런데 여러 술과 주스 또 다른 재료가 많이 들어가고 복잡할 때는 어떻게 할까? 코스모폴리탄(Cosmopolitan)으로 구체적인 예를 들어보자.

공식

L1 = 액체1의 용량
A = 액체1의 알코올 도수
L2 = 액체2의 용량
B = 액체2의 알코올 도수

전체 도수

$$\frac{(L1 \times A) + (L2 \times B)}{(L1 + L2)}$$

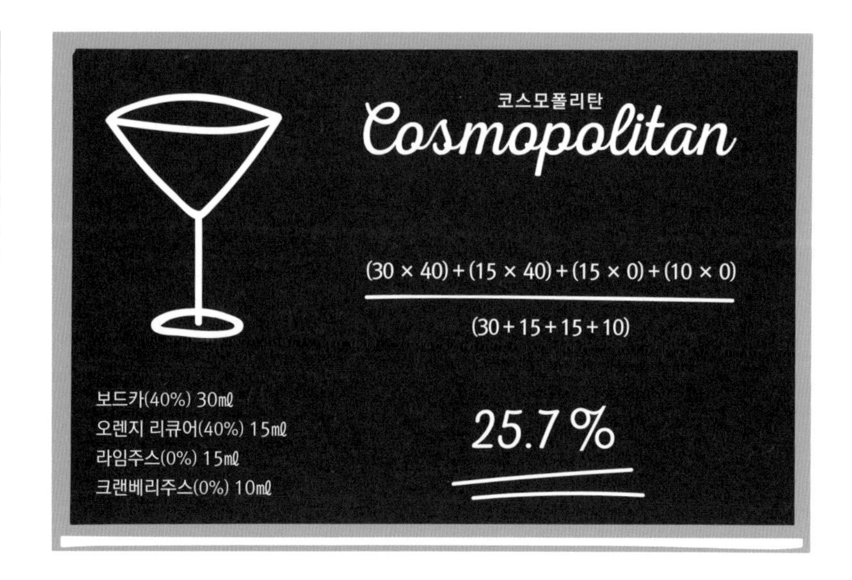

부피의 변화

그렇다. 여기서부터는 화학이다. 그리고 불행하게도 물 1ℓ와 알코올 1ℓ를 섞는다고 물과 알코올 혼합물 2ℓ가 되지는 않는다. 그러면 너무 쉬우니까……. 물 분자와 알코올(에탄올) 분자 사이의 분자간 결합력(수소결합)의 차이 때문에, 알코올 함유율에 따라 단위 질량당 부피의 변화가 생긴다. 다만 칵테일에서는 그 변화가 매우 미미하니 당황하지 않아도 된다. 그래도 만약 관심이 있다면 인터넷에서 밀도표를 찾아보는 것도 말리지는 않겠다.

그런데 희석도 있다

또 하나의 중요한 요소는 셰이킹 방식이든 스터링 방식이든 상관없이 희석되면서 생기는 물의 양이다. 여기서도 모든 것이 여러 가지 변수에 따라 달라지지만, 희석에 의한 물의 양은 20~30% 정도로 예상할 수 있다. 다시 코스모폴리탄을 예로 들어보면, 이 전체 양의 변화를 고려해서 계산해야 한다.

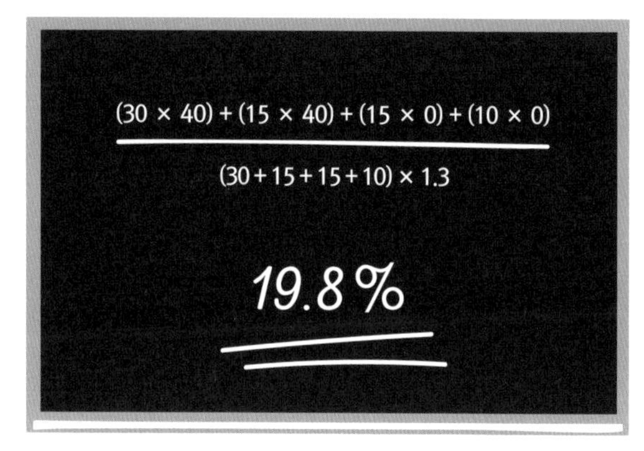

희석을 고려한 코스모폴리탄의 알코올 도수는 19.8%이다. 바로 이런 이유로 여러분이 코스모폴리탄을 쉽게 마실 수 있는 것이다. 이 책의 예에서는 희석을 통해 알코올 농도를 6% 정도 낮췄다.

칵테일 바

마법같이 신기한 믹솔로지의 세계와

그 뒤에 숨겨진 이야기가 궁금하다면

직접 칵테일 바를 방문하는 것이 좋다.

지금부터 함께 떠나보자!

세계 최고의 바

좋은 칵테일을 마시는 것 자체가 이미 기분 좋은 일이지만,
세계 최고의 바에서 칵테일을 마신다면 잊을 수 없는 경험이 될 것이다.

어떻게 찾을까?

칵테일 세계에는 여러 기관에서 선정한 세계 최고의 바 리스트가 존재한다. 그중 대표적인 것이 칵테일 분야의 아카데미상으로 평가받는 「테일즈 오브 더 칵테일(Tales of the Cocktail)」과 「월드 베스트 바 50(World's 50 Best Bars)」이다. 전 세계에서 활동하는 주류 산업 전문가 수십여 명을 심사위원으로 임명하여, 수천 개의 후보 가운데 지구 최고의 바를 가려낸다.

세계 최고의 바가 되려면?

1. 디테일에 신경 쓴다

최고의 바는 입장부터 퇴장까지 손님이 최고의 경험을 할 수 있도록 접객, 새로운 기술, 환경, 운영까지 모든 디테일에 신경을 써야 한다. 모든 면에서 기억에 남는 경험을 위해 완벽을 추구하는 것이다. 고객의 기대에 부응하고 동시에 놀라움을 선사할 수 있는 전문성, 서비스 정신, 창의성 등의 자질이 요구된다.

2. 강점에 집중한다

훌륭한 증류주 컬렉션, 유서 깊은 장소, 완벽한 기술. 세계의 정상급 바들은 모두 특별한 장점이 있으며, 이를 중심으로 운영된다.

3. 이미지를 잘 관리한다

대형 바의 경우 좋은 이미지를 만들기 위해 해마다 거액을 쏟아붓고, 소규모 바의 바텐디들은 자신의 사진을 찍어 SNS에 올리기도 한다. 이 모든 것은 좋은 이미지로 더 많은 손님을 불러 모으기 위해서이다.

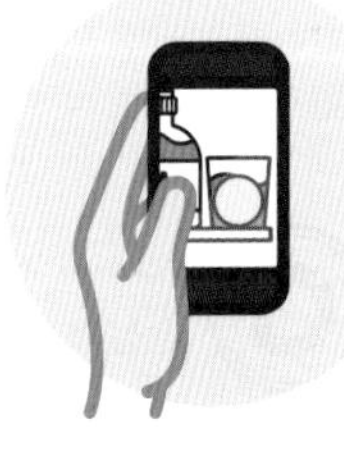

4. 국제적인 인지도를 확보한다

세계 최고의 바텐더들을 바에 초청하거나, 직접 세계 도처로 나가 진행하는 게스트 바텐딩(Guest Bartending)을 통해 국제적인 인지도를 확보한다.

어디에 있을까?

뉴욕이나 파리에서 찾는 것이 더 쉽지만, 세계 곳곳에 훌륭한 바가 많다.

2016 월드 베스트 바 50
TOP 10

1. *The Dead Rabbit*
더 데드 래빗 / 뉴욕, 미국
2. *American Bar*
아메리칸 바 / 런던, 영국
3. *Dandelyan*
댄디라이언 / 런던, 영국
4. *Connaught Bar*
코노트 바 / 런던, 영국
5. *Attaboy*
아타보이 / 뉴욕, 미국
6. *The Gibson*
더 깁슨 / 런던, 영국
7. *Employees Only*
임플로이스 온리 / 뉴욕, 미국
8. *Nomad Bar*
노마드 바 / 뉴욕, 미국
9. *The Clumsies*
더 클럼지스 / 아테네, 그리스
10. *Happiness Forgets*
해피니스 포겟 / 런던, 영국

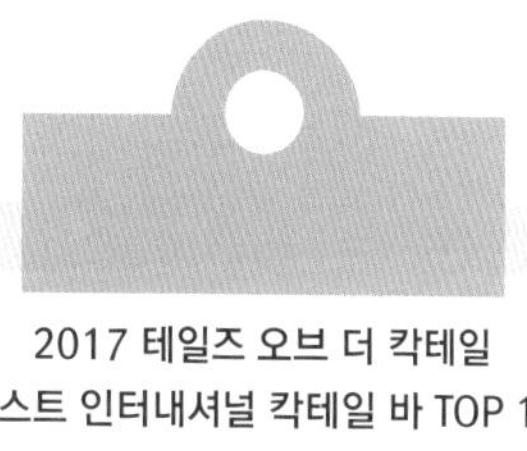

2017 테일즈 오브 더 칵테일
베스트 인터내셔널 칵테일 바 TOP 10

1. *1862, Dry Bar*
1862 드라이 바 / 마드리드, 스페인
2. *Black Pearl*
블랙 펄 / 멜버른, 오스트레일리아
3. *Bramble Bar*
브램블 바 / 에든버러, 영국
4. *Le Lion – Bar de Paris*
르 리옹 - 바 드 파리 / 함부르크, 독일
5. *Le Syndicat*
르 생디카 / 파리, 프랑스
6. *Licoreria Limantour*
리코레리아 리만토우르 / 멕시코시티, 멕시코
7. *Little Red Door*
리틀 레드 도어 / 파리, 프랑스
8. *The Dark Horse*
더 다크 호스 / 바스, 영국
9. *The Everleigh*
더 에버레이 / 멜버른, 오스트레일리아
10. *The Gibson*
더 깁슨 / 런던, 영국

리스트에 올라가지 못한 바들은 형편없나?

리스트만 믿는 것은 좋지 않은 생각이다. 미쉐린 별을 받은 레스토랑이 메뉴를 바꾸거나 새로운 테크닉을 시도했을 때 별을 잃기도 하는 것처럼, 칵테일 바 역시 그렇다. 게다가 수많은 리스트가 존재한다. 베스트 오픈 바, 베스트 바텐더, 베스트 바 팀 등. 다양한 분야에 관심을 갖고 당신을 행복하게 해줄 칵테일 바를 찾아보자. 그 무엇도 당신의 느낌을 대신할 수는 없다. 어쩌면 인생 최고의 순간을 당신 집 아래에 있는 칵테일 바에서 맞이할지도 모르는 일이다.

환상의 칵테일 바

시애틀에는 「캐논(Canon)」이라는 조금 특별한 바가 있다. 이곳의 좌석은 32석뿐이지만, 무려 백만 달러 규모의 증류주를 갖추고 있다. 또한 직원 1명당 최대 4명의 손님만 담당하기 때문에 섬세한 서비스를 보장한다.

바 메뉴

메뉴판은 칵테일과 손님 사이의 첫 번째 매개체이다.
메뉴를 보는 순간 손님은 머릿속으로 이미 칵테일을 마시고 있다.

좋은 메뉴판의 구성 요소

모든 것이 완벽한 메뉴는 없겠지만 훌륭한 바 메뉴는 다음 요소를 바탕으로 한다.

심리

감정과 직관력은 손님을 이끌거나 주저하게 만든다. 칵테일의 이름이 손님의 관심을 끌면, 결판이 난 것이나 다름없다.

마케팅

메뉴는 바의 아이덴티티를 강화시킨다. 특별한 장소에서 특별한 창작 칵테일을 마셔보자.

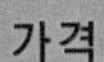

가격

가격은 장소에 알맞은 수준이어야 한다. 평범한 술집에서 저렴한 술로 만든 모히토가 10유로라면, 그건 사기나 다름없다. 주의하자.

디자인

그 자체로 하나의 예술 작품이라 할 수 있는 메뉴판은 첫눈에 당신을 칵테일의 세계에 빠트릴 것이다. 예를 들어 런던 사보이 호텔의 바에는 일러스트레이터 조 윌슨((Joe Wilson)과 수석 바텐더 크리스 무어(Chris Moore)가 함께 힘을 모아서 만든 팝업북 스타일의 특별한 메뉴가 있다.

물어보세요!

메뉴판에 잘 모르는 증류주나 재료가 쓰여 있다면? 왔던 길을 되돌아 나가는 대신, 바텐더에게 물어보자. 친절한 바텐더라면 당신이 보다 명확하게 그 재료를 이해할 수 있도록, 향을 맡거나 맛보게 해줄 것이다.

선택에 도움이 되는 다른 요소

일부 메뉴는 당신의 선택에 필수적인 정보를 바로 제공하기도 한다.

잔의 모양

칵테일을 담는 잔의 모양은 쇼트 드링크인지 롱 드링크인지, 여성적인 칵테일인지 남성적인 칵테일인지 등의 정보를 알려준다.

주요 재료

바텐더가 자신의 레시피를 알려주지 않는다고 해도, 주요 재료를 알면 칵테일에 대해 좀 더 깊이 이해할 수 있다.

주류 브랜드

일부 메뉴에는 사용하는 주류 브랜드가 명시되어 있는 경우도 있다. 설령 광고가 목적이더라도 이것으로 당신이 마실 증류주의 질을 가늠할 수 있다.

칵테일의 강도

날씨나 밤 또는 낮 시간대에 적합한 칵테일의 알코올 도수를 알아두는 것도 유용하다.

칵테일의 역사

칵테일의 역사와 탄생 배경(실제든 가공이든)을 알려주는 것보다 더 도움이 되는 설명이 있을까?

맛이 술보다 중요하다?

어떤 메뉴판에는 사용된 주류의 이름을 명시하지 않는 대신, 그 칵테일이 불러일으키는 감각 또는 맛을 묘사해놓기도 한다. 이러한 방식은 위스키를 싫어하는 사람들로 하여금 위스키 베이스의 칵테일을 주문하게 하고, 훌륭한 칵테일을 만나게 해주기도 한다. 마법 같은 일이다.

나만의 칵테일 메뉴 만들기

행사를 앞두고 당신만의 칵테일 메뉴를 만들고 싶다면?
여기 몇 가지 예가 있다.

베르무트를 넣은 칵테일

클래식 마티니(Classic Martini)

- 진 60㎖
- 베르무트 15㎖
- 앙고스투라 비터스 1dash
- 올리브 3개

드라이 맨해튼(Dry Manhattan)

- 위스키 60㎖
- 베르무트 15㎖
- 앙고스투라 비터스 3dash
- 마라스키노 체리 1개

테키니(Tequini)

- 화이트 테킬라 60㎖
- 베르무트15㎖
- 앙고스투라 비터스 1dash
- 올리브 1개

잊혀진 클래식 칵테일

듀보네 칵테일(Dubonnet Cocktail)

- 진 30㎖
- 레드 듀보네 20㎖

마르티네즈(Martinez)

- 진 60㎖
- 베르무트 15㎖
- 마라스키노 10㎖
- 앙고스투라 비터스 1dash
- 오렌지 비터스 1dash

뉴올리언스 피즈(New Orleans Fizz)

- 진 30㎖
- 라임주스 15㎖
- 레몬주스 15㎖
- 심플 시럽 30㎖
- 우유 60㎖
- 달걀흰자 1개
- 오렌지 블러섬 워터 2dash
- 스프라이트(취향에 따라 다른 재료들을 1번 셰이킹한 다음 섞는다)

위스키 베이스 칵테일

아피니티(Affinity)

- 스카치 위스키 45㎖
- 스위트 베르무트 15㎖
- 드라이 베르무트 15㎖
- 오렌지 비터스 2dash

갓파더(Godfather)

- 스카치 위스키 45㎖
- 아마레토 15㎖

로브 로이(Rob Roy)

- 스카치 위스키 45㎖
- 스위트 베르무트 20㎖
- 앙고스투라 비터스 1dash

러스티 네일(Rusty Nail)

- 스카치 위스키 45㎖
- 드람뷰이 20㎖

멕시칸 스타일 칵테일

복숭아 마르가리타(Peach Margarita)

- 테킬라 45㎖
- 트리플 섹 10㎖
- 복숭아 리큐어 10㎖
- 라임주스 10㎖
- 껍질 벗긴 복숭아 1개

타마린드 마르가리타(Tamarind Margarita)

- 테킬라 45㎖
- 트리플 섹 15㎖
- 타마린드 농축액 30㎖
- 심플 시럽 15㎖

이국적인 열대풍 칵테일

블루 하와이안(Blue Hawaiian)

- 럼 45㎖
- 블루 큐라소 20㎖
- 코코넛 크림 20㎖
- 파인애플주스 60㎖

엔비(Envy)

- 테킬라 45㎖
- 블루 큐라소 15㎖
- 파인애플주스 10㎖

허리케인(Hurricane)

- 화이트 럼 30㎖
- 다크 럼 15㎖
- 골드 럼 15㎖
- 감귤류 리큐어 1dash
- 오렌지주스 30㎖
- 파인애플주스 30㎖
- 라임주스 15㎖
- 심플 시럽 1dash
- 그레나딘 시럽 1dash
- 오렌지 1조각

칵테일 가격은?

와인이나 맥주는 병을 보면 쉽게 가격을 알 수 있지만 칵테일의 경우에는 계산이 필요하다.

제조원가

제조원가는 칵테일에 사용한 재료의 실제 비용으로, 판매가 대비 백분율로 나타낸다. 이를 통해 칵테일 가격을 결정하기 때문에 전문 바텐딩에 있어서 필수적인 부분이다.

계산하기

간단한 칵테일인 다이키리를 예로 들어보자.

- 라임주스 25㎖
- 심플 시럽 25㎖
- 화이트 럼 50㎖

재료	필요한 용량	재료의 가격	사용량 대비 가격
유기농 라임주스	25㎖	2.5유로 / 250㎖	0.25유로
심플 시럽	25㎖	2유로 / 700㎖	0.07유로
화이트 럼	50㎖	19유로 / 700㎖	1.2유로

그러므로 다이키리 1잔의 가격은 1.52유로

그렇다면 바에서는?

위의 표는 집에서 직접 만든 다이키리의 가격을 계산하는 방법이다. 영업장에서는 여기에 다음과 같은 요소들이 더해진다.

- 영업 비용
- 바의 이윤 (바는 자선사업이 아니다)
- 부가세

나라마다 다르지만 일반적으로 바에서는 손님에게 판매하는 칵테일 가격의 15~20% 정도가 제조원가이다. 보통 바에서는 장소에 따라 6~10유로 정도를 다이키리 가격으로 지불하게 된다.

왜 일부에서는 가격이 올라갈까?

여러 가지 요인이 있지만, 프랑스 5성급 호텔 중에서도 극히 일부만 받을 수 있는 「팔라스」 등급을 받은 호텔의 바에서는 20유로가 넘는 칵테일도 드물지 않다. 몇 가지 기준을 통해 그 가격이 적절한지 아닌지 판단할 수 있다.

알아두자!

파리의 유명한 바에서 판매하는 기본 증류주를 사용한 칵테일의 평균적인 가격은 10~15유로 정도이다.

칵테일 스테이션

손님에게는 거의 보이지 않는 바의 중심 설비로,
진정한 컨트롤 타워라고 할 수 있다.
큰 파티가 열리면 이곳에서 당신만의 칵테일을 만들 수 있다.

인체 공학적 문제

칵테일 스테이션은 여러 가지 장점이 있다.

- 움직임을 최소화하고 필요한 모든 것을 손이 닿는 거리에 두어 바텐더가 신속하게 작업할 수 있다.
- 다칠 수 있는 동작을 안전하게 실행할 수 있는 장소를 확보하여 바텐더를 보호한다.
- 바의 분위기를 조성한다. 바텐더 뒤로 보이는 모든 것들이 바의 분위기를 만드는 역할을 한다.

전문가를 위한 설비

많은 바가 칵테일 스테이션 정비를 위해 전문 에이전시와 상의한다. 비좁은 장소, 한정된 면적, 기술적인 필요성 등 다양한 문제를 조절하며 바텐더에게 가장 좋은 배치를 구성하는 작업은 매우 복잡하고 어려운 일이다. 이 업체들은 바텐더가 칵테일 외에는 다른 걱정을 하지 않게 설계, 제조, 설치를 책임진다.

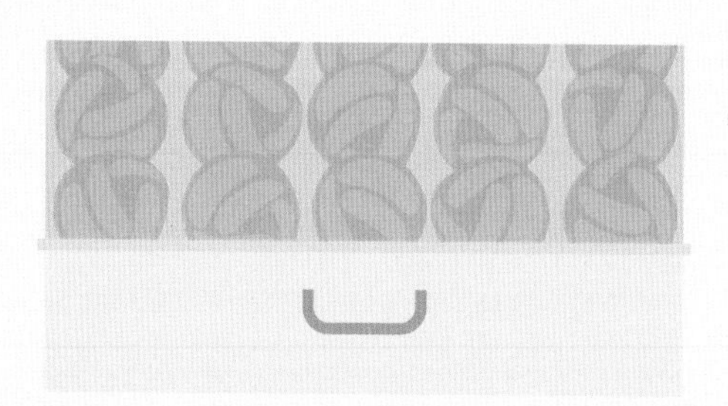

칵테일 스테이션의 주요 구성요소

모든 칵테일 스테이션이 같은 모양을 하고 있지는 않지만, 아래의 구성요소를 대부분 갖추고 있다.

가니시 박스

여러 개로 나뉘어진 공간 안에 레몬, 올리브, 그리고 그 밖에 칵테일 장식에 필요한 가니시를 담아둔다.

아이스 박스

잊지 말자. 냉동고는 칵테일 전쟁의 핵심 장비이다. 적어도 아이스 박스는 갖추어야 하며, 일반적으로 레일 위쪽에 위치한다. 일부 전문가용 모델 중에는 병을 차갑게 보관할 수 있는 공간이 따로 마련되어 있는 것도 있다. 시간을 아끼기 위해 점점 더 많은 바에서 잔을 차갑게 유지하기 위한 전용 냉동고를 갖추는 추세이다.

레일

가장 자주 사용하는 증류주 병은 레일 안에 보관한다.

언더 바

바 바로 아래 공간이다. 주류, 냅킨, 그리고 손님 또는 바텐더의 시선에 노출되지 않아도 되는 모든 물건을 보관하기에 이상적인 공간이다.

백 바

바텐더 바로 뒤의 공간으로 보다 고급스러운 주류, 책, 잔 등을 보관한다,

플레어 바텐딩

앞자리는 불조심! 바의 플레어 바텐딩(Flair Bartending)은 서커스의 곡예와 같다.
병을 깨뜨리거나 다치지 않기 위해서는 훈련이 필요하다.

플레어의 시작

19세기에 몇몇 바텐더들은 칵테일 제조 과정을 쇼로 만들기로 결심한다. 블루 블레이저(Blue Blazer)로 유명한 제리 토마스는 그중에서 가장 널리 알려진 사람이다.
1980년대 중반 미국에서 플레어 바텐딩이 다시 시작된다. 첫 번째 대회는 1985년 캘리포니아의 마리나 딜 레이(Marina Del Rey)에서 열렸으며, 존 메스칼(John Mescall)이 병을 사용한 곡예를 선보여 우승을 차지했다.
1987년에는 「TGI 프라이데이스(TGI Friday's)」에서 처음으로 세계 챔피언십 대회를 열었으며, J.B. 밴디(J.B. Bandy)가 우승을 차지했다. 그는 영화 〈칵테일〉에 출연한 배우 브라이언 브라운과 톰 크루즈의 교육을 담당하기도 했다.

영화 〈칵테일〉

1988년, 모두가 셰이커를 돌리기 시작했다. 톰 크루즈는 병을 빙글빙글 돌리고 셰이커를 춤추게 하는 바텐더 역을 맡았고, 바텐더들은 플레어를 시작했다. 1990년대 중반, 플레어 바텐딩은 하나의 스타일로 자리를 잡는다. 셰이커, 얼음, 잔, 그리고 술병은 더 이상 단순히 음료를 만들기 위한 도구가 아니었다. 이들은 쇼를 위한 도구가 되어, 예전에는 상상할 수 없었던 방식으로 사용되었다.

플레어 메뉴얼

플레어를 제대로 하기 위해서는 많은 연습과 재능이 필요하다. 기본적인 재능이 있어야 하고, 보통은 전문 곡예사들이 갖고 있는 능력이 요구되며, 많은 인내가 필요하다. 좀 더 앞서가고 싶다면 인화성 리큐어를 사용해서 그야말로 「불타는 쇼」를 선보일 수도 있다. 마술에서 사용하는 기교 역시 퍼포먼스에 도움이 된다.

워킹 플레어 vs 이그지비션 플레어

워킹 플레어(Working Flair)는 칵테일 서비스 중에 볼거리 제공을 목적으로 하며, 몇 가지 동작과 단순하고 효율적인 아크로바틱 기술에 한정되어 있다. 이그지비션 플레어(Exhibition Flair)의 경우, 칵테일을 서비스하기 전에 보여주는 쇼에 해당한다. 이것은 진정한 쇼 아트로, 바텐더의 테크닉과 아크로바틱 역량에 따라 연출된다. 몇몇 칵테일은 이 방식으로 서빙하기도 하지만, 그것이 이그지비션 플레어의 근본적인 목적은 아니다. 쇼의 절정을 장식하기 위해 불꽃놀이용 화약이나 짙은 연기를 사용하기도 한다.

초보자를 위한 몇 가지 동작

친구들 앞에서 멋진 동작을 뽐내거나 놀라게 하고 싶다면 아래의 두 가지 동작을 시도해볼 수 있다. 특별히 연습용으로 만들어진 깨지지 않는 병을 사용하더라도, 가능하면 매트 위에서 연습하는 것이 좋다.

등 뒤로 병 보내기

플레어의 정통 테크닉이다. 병을 작업대 위에 놓는다. 병을 들고 손목을 이용해서 병을 90도 회전시켜서 잡은 다음, 오른쪽 어깨 위에서 등 뒤로 병을 떨어뜨린다. 병을 놓으면서 동시에 왼손을 등 뒤로 돌려서 병을 잡는다. 더 발전된 버전은 오른손으로 병을 등 뒤로 던지고 왼손으로 잡는 것이다.

팔꿈치 서비스

팔을 90도로 들어 팔꿈치를 직각으로 만든다. 잔을 팔꿈치 위에 올린 다음 잔 한가운데에 음료를 따라서 조심스럽게 서비스한다. 더 큰 환호성을 원한다면 음료를 따르면서 셰이커를 점점 더 높이 올린다.

오늘날에는?

플레어 바텐딩은 여전히 존재한다. 그러나 점점 보기 힘들어지는 추세이다. 믹솔로지가 자리를 잡으면서, 맛에 영향을 주지 않는 것들은 사라지고 본질만 유지하는 경향이 나타나고 있다.

칵 테 일 바

분자 믹솔로지

항상 같은 모히토를 마시는 것이 지루하다고? 빨대 색깔과 설탕 분량 말고는 바뀌는 것이 없다면, 아무리 좋아하던 칵테일이라도 질리지 않을까? 여기서는 과학을 이용한 놀라운 칵테일을 소개한다.

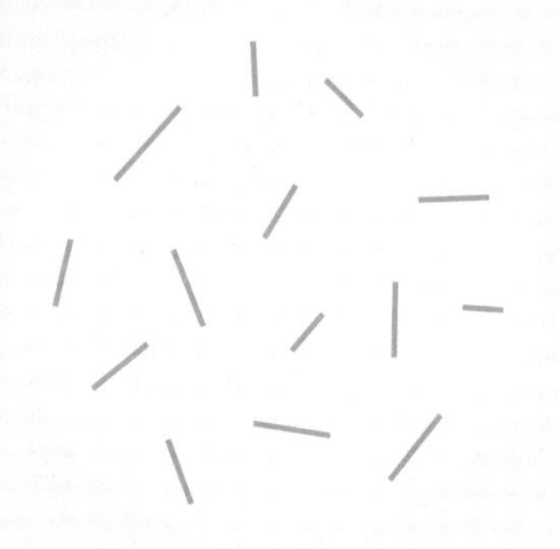

분자요리가 지배할 때

세계 최고의 레스토랑「엘 불리(El Bulli)」의 셰프, 페란 아드리아(Ferran Adria)가 창시한 분자요리에 대해 들어본 적이 있을 것이다. 또는 프랑스에서 분자요리가 인기를 끌게 만든 장본인인 티에리 막스(Thierry Max)에 대해 들어보았을지도 모르겠다. 믹솔로지에서도 원리는 같다. 새로운 형태로 칵테일의 맛을 재발견하기 위해 재료를 분해해서 텍스처에 변화를 주는 것이다. 입안에서 터지는 네그로니 펄, 진피즈 무스 등이 있다.

레스토랑에서 바까지

분자요리를 처음 칵테일에 적용한 믹솔로지스트는 분자요리 레스토랑의 바텐더들로, 이들은 단순한 토치부터 회전식 농축기나 데시케이터(물체가 건조상태를 유지하도록 보존하는 용기), 그리고 액체 질소에 이르기까지 요리사들이 사용하는 고가의 장비들을 이용하여 새로운 칵테일을 만들었다. 그러나 시간과 인내심이 있다면 가정에서도 대부분의 테크닉을 시도할 수 있다. 게다가 모든 도구와 재료를 갖춘 키트도 존재한다.

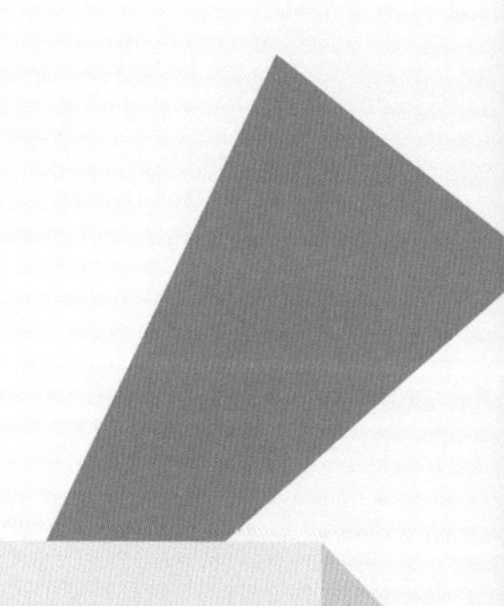

한물 간 테크닉?

2000년대 초 엄청난 발전을 이룩한 분자 믹솔로지는 이제 더 이상 바텐더들에게 인기가 없다. 많은 시간과 공간을 필요로 하는데다 식상해졌기 때문이다. 여기에 위험성 논란까지 더해져서, 이 기술을 더 이상 찾지 않는 것도 그리 놀라운 일이 아니다. 그러나 아직까지 분자 칵테일이 있는 메뉴판을 가끔 볼 수 있다.

다양한 테크닉

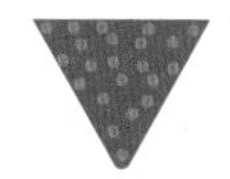

스페리피케이션

스페리피케이션(Spherification)은 리큐어를 동그란 알갱이 모양(캐비어 모양)으로 만드는 테크닉으로, 샴페인이나 코스모폴리탄, 마르가리타, 사이드 카 등 여러 가지 전통 칵테일에 사용한다.

마시멜로 스타일

마시멜로의 부드러움과 달콤함을 칵테일에서 느낄 수 있게 해주는 테크닉이다. 특히 피스코 사워에 잘 어울린다.

「니트로」 프로즌 칵테일

당신의 테이블에 칵테일이 나온다. 그러나 맛을 보기도 전에 웨이터가 액체질소를 붓고, 칵테일은 순식간에 알코올 함량이 매우 높은 아이스크림이 되어 버린다.

가루 칵테일

뉴욕 레스토랑 「테일러(Tailor)」의 셰프 이벤 프리맨(Eben Freeman)에 의해 인기를 얻은 테크닉으로, 가루 상태의 럼 코크를 만들 수 있다.

솜사탕

솜사탕과 칵테일을 함께 즐기는 새로운 테크닉이다. 잔에 솜사탕을 가득 채운 뒤 셰이커로 칵테일을 따라서 녹인다.

팝시클 칵테일

아이스 바 모양으로 만든 칵테일. 시원함을 보장한다.

젤리피케이션

젤리피케이션(Jellifhication)은 칵테일을 젤리 사탕처럼 만들어서 서빙하는 테크닉이다. 이벤 프리맨은 쿠바 리브레 젤라틴(Cuba Libre Gelatin), 라모스 진피즈 마시멜로(Ramos Gin Fizz Marshmallow), 화이트 러시안 브랙퍼스트 시리얼(White Russian Breakfast Cereal)로 구성된 칵테일 트리오를 제공한다.

서스펜션

페란 아드리아가 개발한 서스펜션(Suspension)은 액체 안의 고체 재료를 떠 있는 상태로 유지시키는 분자 믹솔로지 테크닉이다. 잔탄검을 이용해 액체의 밀도를 높여 고체 재료가 떠 있게 만들어서, 매력적인 칵테일을 완성한다. 페란 아드리아의 주요 작품 중 하나인 허브, 과일, 캐비어를 이용한 화이트 상그리아 인 서스펜션(White Sangria in Suspension)이 유명하다.

새로운 방법으로 즐기는 칵테일

칵테일은 가장 클래식한 방법부터 예상치 못한 방법까지 다양한 형태로 변신할 수 있다.

케그

탭 칵테일(Tap Cocktail) 또는 드래프트 칵테일(Draft Cocktail)이라고도 부르는 칵테일 케그(Keg)는 미국 서부 샌프란시스코 지역에서 찾아볼 수 있다.
본래의 목적은 칵테일 전문이 아닌 곳에서도 양질의 칵테일을 제공할 수 있게 하는 것이었다.
이 칵테일에는 여러 가지 시스템이 있는데, 그중 하나는 각각의 재료를 서빙할 때 바로 잔 안에서 직접 섞는 것이다. 마치 맥주처럼 칵테일을 직접 통에서 따르는 방법도 있다.

펀치

칵테일은 또한 나눔의 미학을 보여주는 음료이기도 하다.
펀치 볼과 국자를 사용하는데, 은 또는 사기로 만들어진 이 도구는 18세기에는 소유자의 권력을 보여주는 물건이었다.

캔

위스키-코크, 블러디 메리, 모히토 등, 캔 형태로 즐길 수 있는 칵테일은 많다.
그러나 캔은 탄산 음료에 이상적인 용기이지만, 캔 칵테일의 경우 제품의 질을 예측하기 어렵다.
그리고 안타깝게도, 대부분의 경우 이러한 형태로 보관된 혼합물에 칵테일이라는 이름을 사용하기는 힘들다.

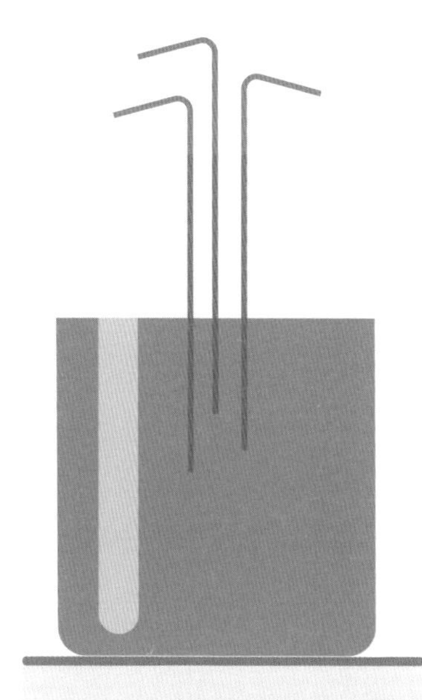

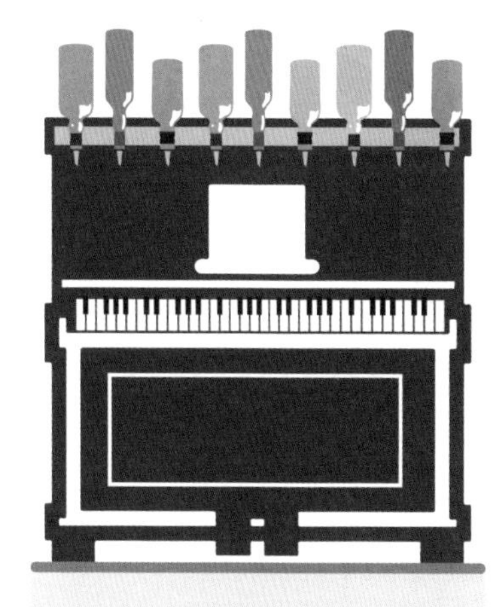

병

병 칵테일은 기다리지 않고 바텐더가 만든 수준의 칵테일을 마시고 싶은 칵테일 애호가들을 위해 만들어졌다.
방법은 유리컵을 준비해서 얼음을 넣은 다음 칵테일을 따르는 것이다. 그것으로 마실 준비는 끝이다. 대표적인 브랜드로 「발빈 스피리츠(Balbine Spirits)」가 있다. 메이드 인 프랑스이다.

유리 자

펀치의 현대 버전으로 인기가 높다. 유리 자 칵테일은 언제나 대량(1~5ℓ)으로 서비스되며, 모두가 자 안에 직접 빨대를 꽂고 칵테일을 마신다.

피아녹테일

만약 당신이 보리스 비앙의 소설 『세월의 거품(L'Écume des Jours)』을 미셸 공드리 감독이 영화로 각색한 〈무드 인디고(Mood Indigo)〉를 보았다면, 피아녹테일(Pianocktail)이라는 이름을 이미 알고 있을 것이다.
피아녹테일은 연주하는 멜로디에 따라 그에 맞는 칵테일을 만드는 피아노를 말한다. 그저 사이언스 픽션일 뿐이라고?
전혀 그렇지 않다. 칵테일을 만드는 피아노는 실제로 존재한다. 프랑스의 바텐더 세드릭 모로(Cédric Moreau)와 피아니스트 시릴 아담(Cyril Adam)이 실제로 만들어냈으니 말이다.

목테일

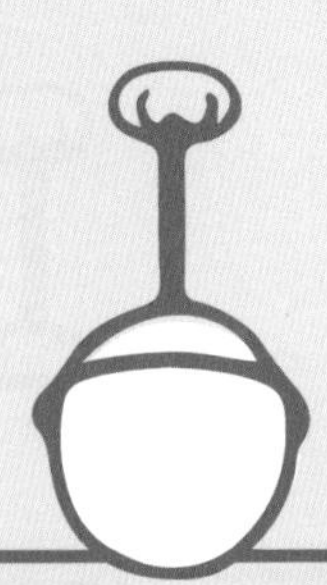

오타가 아니냐고? 아니다. 목테일(Mocktail)은 현대의 믹솔로지 세계에서 하나의 흐름으로 자리 잡고 있는 커다란 변화이다.

누가 목테일을 마실까?

믹솔로지 세계는 탄탄한 역사를 바탕으로 하지만 소비자의 요구를 만족시키 위해 언제나 유행과 함께 해왔다. 얼핏 생각하면 주로 임신한 여성이나 어린이가 목테일 애호가일 것 같지만, 착각은 금물이다. 식생활에 대한 고민이 점점 깊어지는 현대 사회에서는 알코올 섭취를 줄이는 것(완전한 금주는 아니더라도, 과음은 하지 않는 것이 좋다)이 점점 더 많은 사람들이 지향하는 목표 중 하나가 되고 있다.

이런 흐름을 따르면서 칵테일 바가 텅 비는 사태를 막기 위해 믹솔로지스트들이 생각해낸 것이 바로 목테일이다. 뉴욕의 칵테일 바에서 시작해 런던을 거쳐 이제는 전 세계적으로 자리를 잡았다.

목테일은 힙할까?

몇 년 전까지만 해도 무알콜 칵테일을 주문하면 칵테일을 모독하는 것처럼 생각하기도 했다. 지금은 흔해졌고, 오히려 믹솔로지스트들이 자신의 창작 목테일을 전면에 내세우고 있다. 이들은 좀 더 독창적인 수제 시럽, 제철과일, 새로운 풍미 등을 이용하여, 알코올이 없다는 사실을 잊을 수 있는 기발한 레시피를 만들기 위해 경쟁하고 있다.

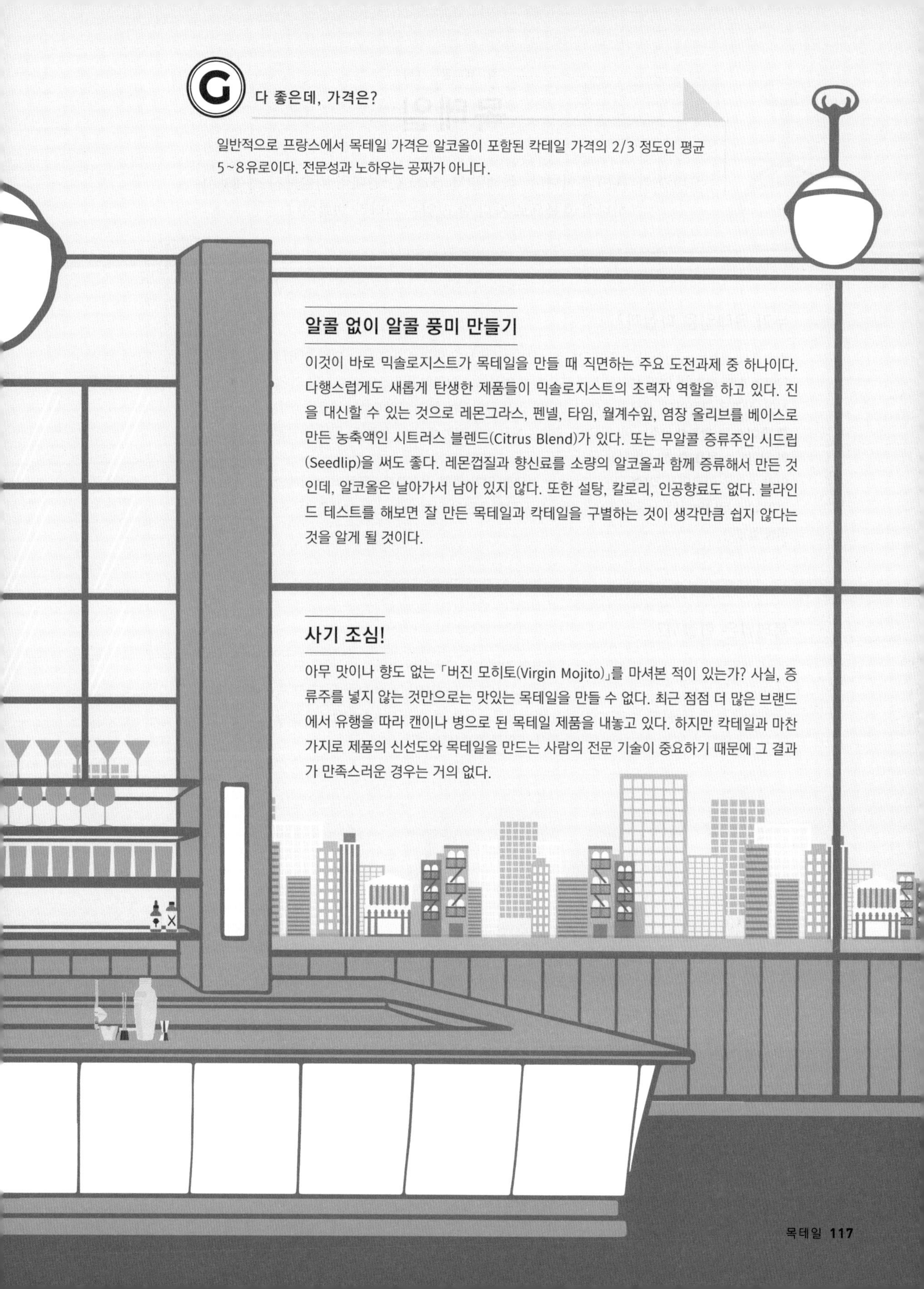

G 다 좋은데, 가격은?

일반적으로 프랑스에서 목테일 가격은 알코올이 포함된 칵테일 가격의 2/3 정도인 평균 5~8유로이다. 전문성과 노하우는 공짜가 아니다.

알콜 없이 알콜 풍미 만들기

이것이 바로 믹솔로지스트가 목테일을 만들 때 직면하는 주요 도전과제 중 하나이다. 다행스럽게도 새롭게 탄생한 제품들이 믹솔로지스트의 조력자 역할을 하고 있다. 진을 대신할 수 있는 것으로 레몬그라스, 펜넬, 타임, 월계수잎, 염장 올리브를 베이스로 만든 농축액인 시트러스 블렌드(Citrus Blend)가 있다. 또는 무알콜 증류주인 시드립(Seedlip)을 써도 좋다. 레몬껍질과 향신료를 소량의 알코올과 함께 증류해서 만든 것인데, 알코올은 날아가서 남아 있지 않다. 또한 설탕, 칼로리, 인공향료도 없다. 블라인드 테스트를 해보면 잘 만든 목테일과 칵테일을 구별하는 것이 생각만큼 쉽지 않다는 것을 알게 될 것이다.

사기 조심!

아무 맛이나 향도 없는 「버진 모히토(Virgin Mojito)」를 마셔본 적이 있는가? 사실, 증류주를 넣지 않는 것만으로는 맛있는 목테일을 만들 수 없다. 최근 점점 더 많은 브랜드에서 유행을 따라 캔이나 병으로 된 목테일 제품을 내놓고 있다. 하지만 칵테일과 마찬가지로 제품의 신선도와 목테일을 만드는 사람의 전문 기술이 중요하기 때문에 그 결과가 만족스러운 경우는 거의 없다.

칵 테 일 바

스피크이지

지금부터 그렇게 오래전도 아닌 시절에 미국에서는 술을 마시는 것이 금지되었다.
그래서 몇몇 사람들은 상상력과 창의성을 발휘하여 술을 판매하는 은밀한 장소를 만들었다.
바로 스피크이지(Speakeasy)이다.

유래

영어로 「투 스피크 이지(To Speak Easy)」는 이웃이나 경찰의 주의를 끌지 않기 위해 「조용히 말하다, 작은 목소리로 말하다」라는 의미이다.

역사

영어속어사전에 이 단어가 최초로 등장한 것은 1823년이다. 스피크이지는 밀수업자의 집을 의미했다. 그 뒤 1889년이 되어서야 이 단어가 대서양을 건너 피츠버그에서, 허가 없이 불법 영업을 하는 바를 지칭하는 용어로 펜실베이니아 신문에 등장한다.

본격적인 네트워크

이윽고 술을 유통하기 위한 대규모 네트워크가 탄생했다. 지하실, 창고, 상점 또는 사용 가능한 모든 공간이 스피크이지로 탈바꿈했다. 뉴욕에만 10만 개가 있었다고 한다. 신분을 확인하고 입장시키기 위해 암호, 독특한 악수, 콧노래 등 각종 기발한 방법이 동원되었다. 하지만 모든 스피크이지가 동일한 품질의 술을 판매한 것은 아니었다. 이물질이 섞인 술을 판매하여 돈을 번 사람도 있었다.

스피크이지의 황금기

미국 수정헌법 18조에 따라 공포된 미국의 금주법은 술의 제조, 유통, 수출입 및 판매를 금지하는 법이다. 1919년 1월 29일 공식적으로 비준된 이 법은 범죄와 부패를 줄이기 위한 것이었다. 그런데 1919년부터 1933년까지 시행되었던 이 법은, 사실상 이탈리아계 미국 마피아의 거대한 밀수 시장의 시초가 되었다. 이를 통해 디트로이트의 퍼플 갱(Purple Gang), 뉴욕의 럭키 루치아노(Lucky Luciano), 시카고의 알 카포네(Al Capone)와 다른 수백 명의 갱들은 어마어마한 부를 축적하게 된다.

그럼 지금은?

지금은 서구 국가에서 술의 제조 및 판매가 허용되었지만 일부 술집에서는 지금도 냉장고, 책장 또는 세탁기로 위장한 문을 통해 들어갈 수 있게 만들어서, 스피크이지의 분위기를 되살리고 있다. 무엇이든 소재가 될 수 있다.

여성의 칵테일 바 출입

금주법 이전에는 와인, 맥주 또는 순수 알코올이 제공되던 남자들의 장소였던 술집에서 여성은 환영받지 못했다. 그런데 스피크이지가 여성의 바 출입을 일반화하는 계기가 되었다. 스피크이지에서는 술에 설탕, 탄산수 또는 과일주스를 섞어서 조악한 술의 품질을 숨기거나 조사 나온 경찰이 알기 어렵게 만들었으며, 이 은밀한 장소를 더 편안하게 만들기 위해 음악, 특히 재즈를 등장시켰다. 지배인들은 「춤이 있는 곳에는 여자가 있지」라고 이야기하곤 했는데, 여성들이 와서 담배를 피우는 모습은 예전에는 한 번도 보지 못한 장면이었다.

사교의 장소

스피크이지는 서로 다른 사회계급이 어울리는 일이 거의 없던 시절, 기업가, 노동자, 주부, 정치인, 심지어는 경찰까지 함께 모여 교류하는 모습을 쉽게 볼 수 있는 장소였다. 이들의 공통된 목표는 오직 하나, 법을 어기고 술을 마시는 것이었다.

Club 21

Club 21은 1930년 1월 1일에 공식적으로 문을 연 미국의 유명 스피크이지 중 한 곳이다. 많은 유명인사와 사업가들이 80년이 넘는 세월 동안 이곳에서 기분전환을 했다. 금주법 시대에는 경찰과 연방 세무공무원의 기습이 잦아서, 이곳의 소유주인 찰리 번스(Charlie Berns)와 잭 크라인들러(Jack Kreindler)는 불법 주류를 숨기기 위해 갖가지 방법을 동원해야 했다. 이들은 건축가 프랭크 뷰캐넌(Frank Buchanan)과 함께 증거를 숨기거나 없애버리기 위한 위장문, 눈에 잘 띠지 않는 물받이, 회전 바, 비밀 와인 창고 등을 만들었다. 이들이 똑똑한 방법을 썼다고 할 수 밖에 없는 것은, 이 비밀 와인 창고를 21번지가 아닌 바로 옆 건물인 19번지 지하에 두었기 때문이다. 그러니까 당국에서 바의 직원에게 건물에 술이 있느냐고 질문을 해도 아니라고 대답할 수 있었던 것이다. 한 치의 거짓도 없이!

티키 바

눈을 감고 폴리네시아의 아름다운 바다 풍경에 몸을 맡겨
흥미로운 신화, 문화와 함께 이국의 정취를 느껴보자.

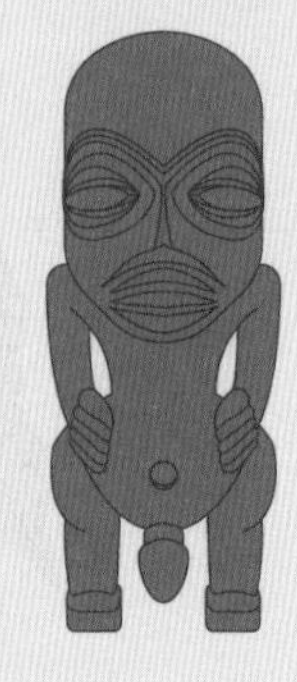

티키, 그게 뭔데?

마오리 신화에 의하면 티키는 인류 최초의 사람이다. 그가 연못에서 최초의 여성, 마리코리코(Marikoriko)를 발견했다고 한다. 일부 신화에서는 티키를 숲과 새의 신 「타네이(Tane)」의 남근이라고도 한다.

부드러운 위로

제2차 세계대전 말, 티키 문화가 주목을 받게 된다. 전쟁에 지친 미국인들은 매혹적인 자연, 열대의 꽃, 붉은 석양, 이국의 여인, 시원한 바람, 달콤한 과일 같은 아름다움에 눈을 돌림으로써 현실에서 도피했다.

티키 문화

미국에 처음 티키 바(tiki bar)가 생긴 것은 1930년대로, 폴리네시아 섬에서 지낸 경험이 있는 사람들에 의해서였다. 돈 더 비치코머(Don the Beachcomber 또는 Donn Beach)는 1934년 할리우드에 처음으로 전형적인 티키 식당과 살롱을 개업했다. 3년 뒤에는 트레이더 빅(Trader Vic)이 캘리포니아의 오클랜드에 비슷한 테마의 바를 개업했다. 이 바의 특징은 강하지만 맛있는 칵테일, 긴장이 풀리는 편안한 분위기, 대나무와 버드나무로 만든 이국적인 장식, 손으로 만든 티키 조각, 야자수와 하와이 음악 등이다.

미니 바캉스

티키 바의 새로운 경영자들은 하와이, 타히티, 필리핀과 다른 태평양 문화를 조합하여 바를 장식했다. 그들은 건축 자재로 대나무, 짚, 조각한 나뭇잎을 사용했고, 중국과 일본 음식도 메뉴에 포함시켰다. 1950년 티키 바의 수가 늘어나면서 중산층들은 길모퉁이에서 일상을 벗어나 미니 바캉스를 즐길 수 있게 되었다.

티키 잔

파인애플, 코코넛 또는 마스크 등 티키 칵테일을 담는 잔은 매우 독창적이다. 음료 위에 올리는 작은 우산도 전형적인 티키 스타일이다. 대부분의 경우 이런 장식을 싸구려 취급하지만, 티키 칵테일에서는 자연스러운 장식이다. 또한 이 작은 우산은 뜨거운 여름 해변에서 음료를 시원하게 유지하는 역할도 한다.

티키 칵테일

티키 칵테일에는 많은 레시피가 있다. 그중 2가지 칵테일은 티키 바를 넘어 전설이 되었다.

마이 타이(Mai Tai)

- 럼 60㎖
- 큐라소 15㎖
- 갓 짠 신선한 라임주스 22㎖
- 아몬드 시럽 8㎖
- 심플 시럽 8㎖

1. 얼음을 넣은 셰이커에 모든 재료를 넣고 셰이킹한다.
2. 크러시드 아이스를 채운 잔에 따른다.

좀비(Zombie)

- 골드 럼 30㎖
- 화이트 럼 30㎖
- 살구 리큐어 15㎖
- 라임 1/2개 분량의 즙
- 그레나딘 시럽 1ts
- 파인애플주스 60㎖
- 심플 시럽 15㎖

1. 얼음을 넣은 셰이커에 모든 재료를 넣고 셰이킹한다.
2. 거르지 않고 잔에 따른다.
3. 도전정신이 강한 사람은 도수가 높은 럼을 넣어도 좋다.

세계 진출

티키 문화는 세계를 장악했다. 파리에도 「더티 딕(Dirty Dick)」이라는 훌륭한 티키 바가 있을 정도이다. 과거 피갈(Pigalle) 거리의 룸살롱이 있던 장소에 문을 연 이 바에서는, 럼이 12잔이나 들어가는 좀비 칵테일을 마시며 티키 문화에 흠뻑 젖을 수 있다.

가짜 조심!

비양심적인 사업가들이 티키 바 사업에 뛰어들어 가짜 티키 바를 만들기도 한다. 꽃무늬 셔츠, 마이애미 분위기의 야자수 또는 러브 앤 피스 스타일의 기타 음악만으로는 티키 바가 될 수 없다.

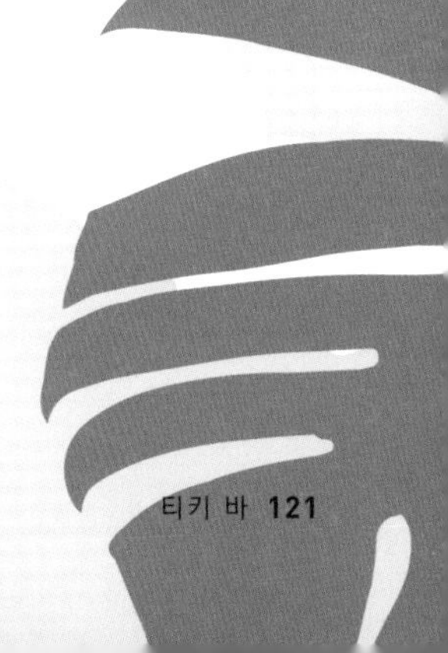

식사와 칵테일

이제 우리는 음식과 칵테일을 페어링하거나,

디너에 칵테일을 곁들여서 손님을 황홀하게 만들기 위한

모든 준비를 마쳤다.

음식과 칵테일 페어링의 원칙

식전주나 식후주로는 칵테일을 많이 마시지만, 저녁식사에 칵테일을 곁들이는 사람은 극소수이다.
그러나 조화를 깨트리지만 않는다면 충분히 도전해볼만한 가치가 있다.

와인의 한계

와인의 경우, 음식과의 페어링이 좀 더 제한적이다. 한 번 뚜껑을 딴 와인은 그것으로 끝이며, 마법을 부리지 않는 한 더 맛있게 만들 방법은 없다. 무엇보다 사람들은 먹는 음식에 따라 와인을 선택하며, 다른 경우는 거의 없다.

칵테일의 장점

칵테일의 경우 2가지 가능성이 있다.

- 좋아하는 칵테일에 따라 음식을 고른다.
  (요리사가 바텐더를 따라가는 경우)
- 좋아하는 음식에 따라 칵테일을 고른다.
  (바텐더가 요리사를 따라가는 경우)

또한 음식과 칵테일의 보다 완벽한 페어링을 위해 기본 칵테일 레시피를 살짝 수정하는 것도 아무런 문제가 되지 않는다.

페어링의 유형

상호보완

음식과 칵테일이 서로 맛을 살려주면서 상호보완적으로 작용하는 것을 말한다.

대조

강한 음식과 부드러운 칵테일을 페어링하거나 또는 반대의 경우에 해당된다.

유사

음식에서 칵테일의 향을 발견하는 경우이다.

시작을 위한 몇 가지 TIP

1. 논리적인 조합을 시도한다

맛의 조합을 생각하면 가능하다. 예를 들어, 요리에 올리브오일이 들어 있다면 자연스럽게 레몬이 들어간 칵테일을 시도해 볼 수 있다.

2. 과하지 않은 조합을 선택한다

맛의 배합 또는 대조를 시도할 때 극단적인 것끼리 조합하지 않는다. 예를 들어 향신료가 많이 들어간 음식에는 산뜻한 향의 신선한 칵테일이 어울린다. 바비큐에는 버번 베이스의 칵테일이 잘 어울리는데, 버번의 훈연향이 바비큐와 잘 어울리기 때문이다.

3. 허브를 활용한다

민트는 민트 줄렙과 모히토에 신선한 향을 더해준다. 또한 허브는 칵테일과 음식을 연결하는 훌륭한 매개체가 되기도 한다. 허브를 통해 비슷한 풍미로 조화를 이루고, 칵테일에 복합적인 풍미를 더할 수 있다. 진과 로즈메리, 테킬라와 세이지처럼. 가끔 허브를 과도하게 사용하는 경우도 있는데, 그럴 필요는 없으며 조금만 넣으면 충분하다.

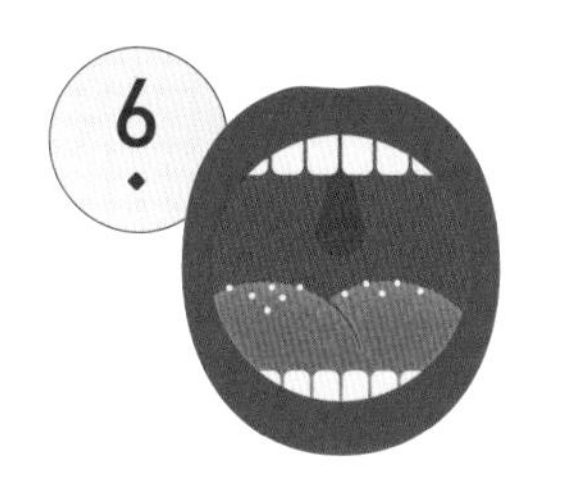

4. 지나치게 강한 술과 재료에 주의한다

위스키, 초콜릿, 차 등은 그 자체만으로도 맛과 향이 강한 재료이다. 이런 재료로 칵테일을 만들 경우, 칵테일이 음식보다 더 강해지지 않도록 주의한다.

5. 롱 드링크 위주로 활용한다

칵테일이 주인공의 자리를 빼앗지 않도록 주의한다. 음료에 지나치게 많은 알코올이 들어 있으면 음식을 먹기 힘들어질 수 있다. 칵테일의 알코올 도수는 와인과 비슷한 정도로 유지한다.

6. 입안의 감각에 주의한다

칵테일은 풍미의 조합이지만, 입안에서 느껴지는 감각이 있다. 칵테일에 사용한 과일 퓌레는 입안에서 감미로운 느낌이나 금속성 느낌을 주는데, 식사 중에는 그리 달갑지 않은 느낌이다.

G 칵테일 페어링에 최적화된 장소

「데르수(Dersou)」는 레스토랑과 칵테일 바의 중간쯤 되는 공간이다. 셰프인 세키네 다쿠[関根 拓]와 믹솔로지스트 아모리 기요(Amaury Guyot)의 합작으로 탄생한 데르수는 파리에 위치하며 식재료, 계절, 감흥에 따라 5, 6 또는 7단계의 칵테일 시음을 제안한다.

음식과 칵테일의 페어링

페어링을 시작할 준비가 되었는가? 여기 가정에서 테스트해볼 수 있는 리스트가 있다. 충고하자면, 공개하기 전에 먼저 혼자서 또는 소수의 사람들과 시험해보는 것이 좋다.

여러 가지 칵테일을 곁들인 식사?

식사에 여러 종류의 칵테일을 곁들이는 것은 얼마든지 가능하다. 그러나 커다란 잔에 도수가 높은 칵테일을 가득 채우는 실수는 하지 말자. 디저트가 나오기 전에 테이블에 모인 사람 중 절반은 곯아떨어지고 말 것이다. 또 하나 주의할 점은 저녁식사 때는 너무 여러 종류의 술을 섞지 않는 것이다. 그러기 위해서는 식사가 진행되는 동안 한 가지 주류를 베이스로 만든 여러 가지 칵테일을 즐기는 것이 좋다.

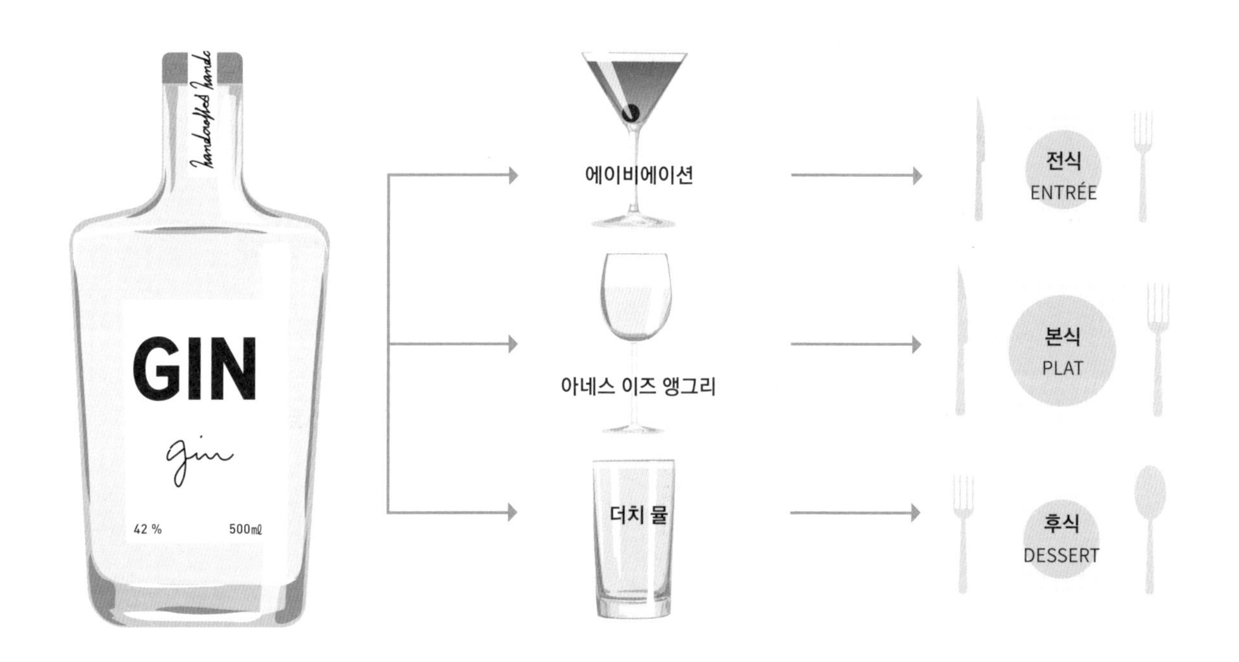

에이비에이션 (Aviation)

- 진 50㎖
- 레몬주스 20㎖
- 마라스키노 15㎖
- 크렘 드 비올레트 5㎖
- 레몬제스트 1개
- 마라스키노 체리 1개

아네스 이즈 앵그리 (Agnes Is Angry)

- 진 20㎖
- 아마레토 10㎖
- 오렌지주스 20㎖
- 샴페인 또는 프로세코 100㎖

더치 뮬 (Dutch Mule)

- 진 30㎖
- 진저비어 120㎖

육류

립스테이크

팔로마(Paloma)

진 40㎖ • 심플 시럽 15㎖ • 레몬주스 15㎖
소금 1꼬집 • 자몽 소다(취향에 따라)

돼지 갈비

올드 쿠반 (Old Cuban)

민트잎 7장 • 쿠바 럼 40㎖ • 케인 슈거 시럽 30㎖
라임주스 20㎖ • 앙고스투라 비터스 2dash
샴페인(마무리로 잔을 채움)

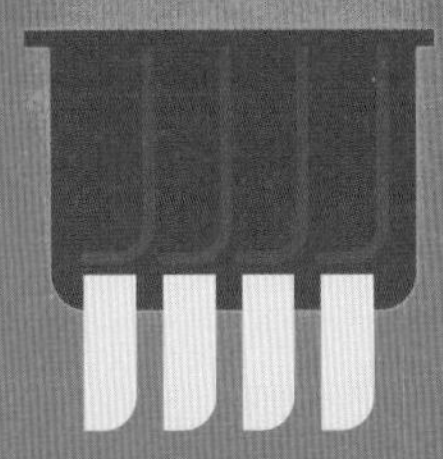

푸아그라

네그로니(Negroni)

베르무트 30㎖ • 진 30㎖
캄파리 30㎖

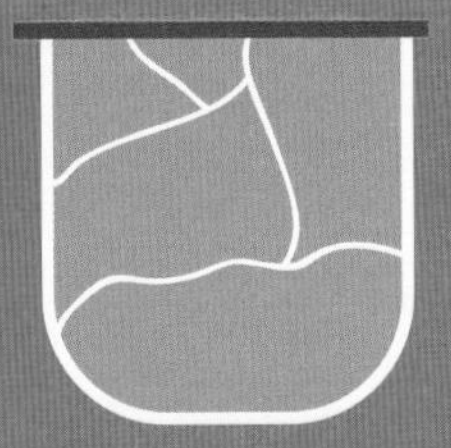

선데이 로스트 치킨

행키 팽키(Hanky Panky)

런던 드라이 진 40㎖ • 베르무트 40㎖
페르넷 브랑카 2dash

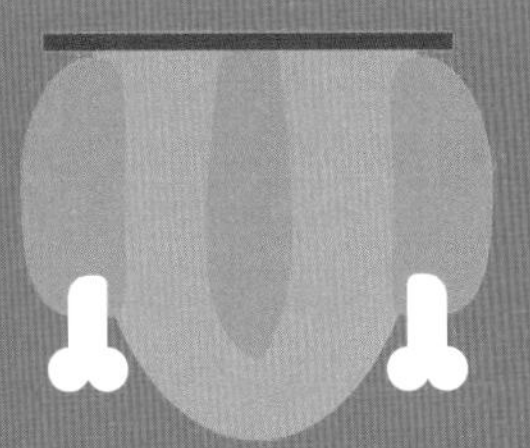

생선 및 조개류

도미 세비체

디마니타(Dimanita)

라임주스 40㎖ • 클레멘타인주스 5㎖
아마로 리큐어 20㎖ • 테킬라 40㎖

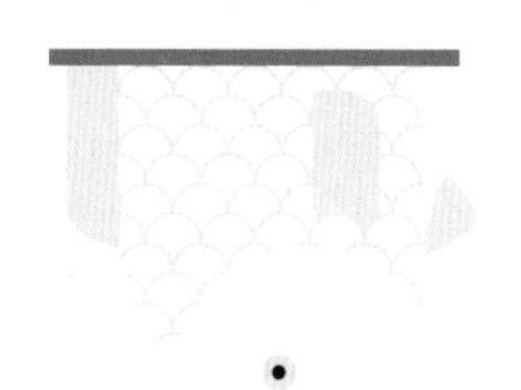

굴

드라이 맨해튼(Dry Manhattan)

위스키 60㎖ • 베르무트 15㎖
앙고스투라 비터스 3dash • 마라스키노 체리 1개

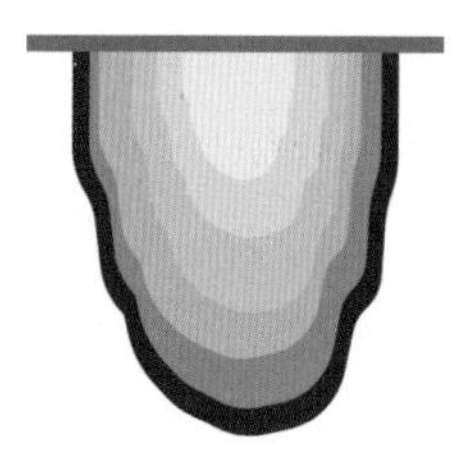

토스카나풍 바다농어 요리

바질 마티니(Basil Martini)

진 60㎖ • 심플 시럽 30㎖ • 라임즙 1개 분량
바질잎 4장(미들링한 것) • 신선한 민트잎 1장

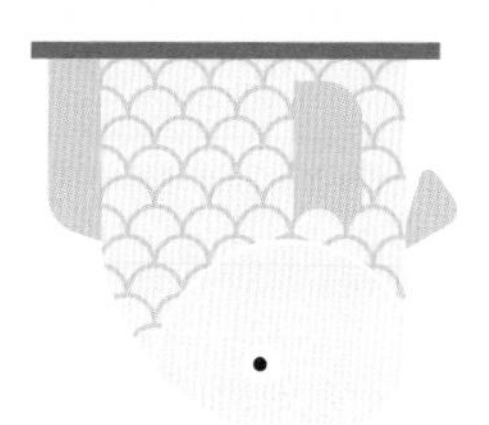

철갑상어

리틀 페루(Little Peru)

피스코 40㎖ • 복숭아 리큐어 20㎖ • 레몬주스 20㎖
꿀시럽 15㎖ • 오렌지 비터스 2dash

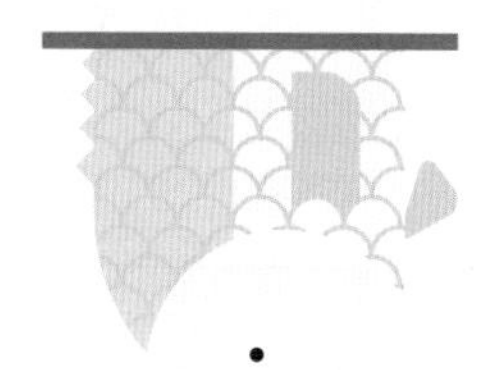

패스트푸드

버거

비프파티(Beef party)

캄파리 30㎖ • 베르무트 30㎖ • 핑크 페퍼콘 시럽 30㎖
라임주스 20㎖ • 탄산수(취향에 따라 마무리로)
라임제스트 1조각

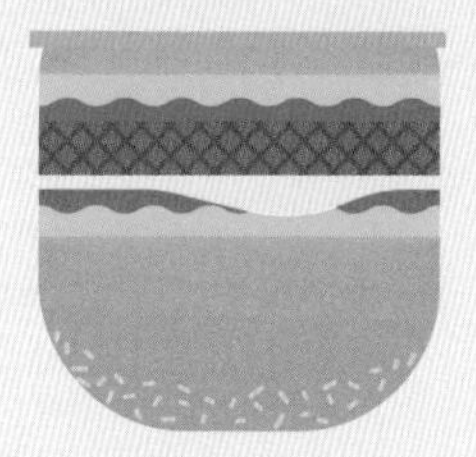

베이컨 치즈 버거

베이코노로이아(Baconoloia)

테킬라 60㎖ • 레몬주스 10㎖ • 셀러리 비터스 2dash
탄산수(취향에 따라 마무리로) • 레몬 슬라이스 1개
민트 1줄기 • 얇은 오이 슬라이스 1개

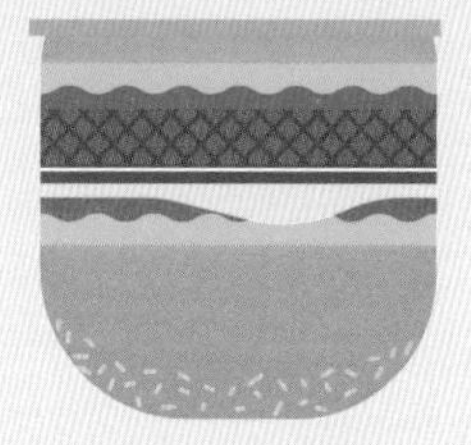

치킨 버거

치킨 런(Chicken Run)

탄산수 100㎖ • 아마로 리큐어 60㎖ • 자메이카 골드 럼 30㎖
라임주스 10㎖ • 라임 1조각

부리토

헤이 로드리게즈(Hey Rodriguez)

메즈칼 40㎖ • 신선한 라임주스 30㎖ • 칠리 리큐어 15㎖
타마린드 시럽 15㎖ • 생강 시럽 15㎖ • 라임제스트 1조각

칵테일 베이스 주류와 음식 페어링

다양한 음식들이 칵테일과 잘 어우러진다.
여기서는 칵테일의 베이스가 되는 주류에 어울리는 음식 몇 가지를 소개한다.

진

새우, 해산물 요리

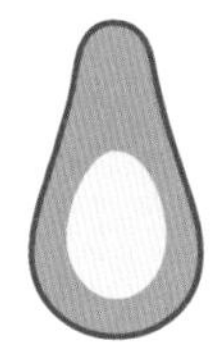

테킬라

과카몰리 또는 퀘소 푼디도(Queso Fundido, 액상 치즈).
좀 더 색깔이 진하고 복합적인 향이 있는 테킬라 아녜호(Añejo)는 초콜릿을 넣은 멕시코의 전통 소스인 몰레(Mole)와 잘 어울리고, 마르가리타는 세비체(Ceviche) 또는 타코와 매우 잘 어울린다.

럼

로스트 포크

위스키

그릴에 구운 소고기

보드카

캐비어, 훈제 생선, 청어
보드카에 호스래디시나 검은 후추를 우려내서 식사에 곁들여도 좋다.

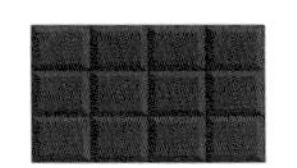

버번

구운 육류 또는 초콜릿

식당 소개

파리에서 요리와 칵테일의 페어링을 경험할 수 있는 식당을 소개한다.

데르수(Dersou)_선구자적인 곳
(21, rue Saint-Nicolas, Paris 12e)
파들루(Pasdeloup)_ 독창적인 곳
(108, rue Amelot, Paris 11e)
보노미(Bonhomie)_ 지중해식
(22, rue d'Enghien, Paris 10e)
마벨(Mabel)_ 최고의 구운 치즈 요리 (58, rue d'Aboukir, Paris 2e)
에로(Hero)_ 한국식
(289, rue Saint-Denis, Paris 2e)
바통 루주(Bâton rouge)_ 뉴올리언스식 (62, rue Notre-Dame-de-Lorette, Paris 9e)

피해야 할 조합

샐러드와 칵테일

샐러드는 대체로 칵테일과 어울리지 않는 편이다. 샐러드에는 지방이 충분하지 않기 때문인데, 오리고기나 치즈를 더한다 해도 크게 달라지지 않는다. 결과적으로 칵테일이 진가를 발휘하지 못하고, 샐러드 역시 마찬가지이다.

초콜릿과 초콜릿이 들어 있는 칵테일

초콜릿 자체 또는 초콜릿 케이크와, 초콜릿이 들어 있는 칵테일을 페어링하면 초콜릿 맛이 단조롭게 겹쳐져서 별다른 특징을 찾을 수 없다. 일반적으로 맛이 중복되면 칵테일이 요리에 플러스가 될 수도 있지만 반대인 경우도 있다.

LUCA CINALLI
루 카 치 넬 리

입을 여는 순간 강한 이탈리아 억양이 그의 출신을 말해준다. 겸손하고 진실할 뿐 아니라 부지런한 바텐더 루카 치넬리는 호텔과 레스토랑 업계에서 오랫동안 일해왔다. 그리고 일찍이 믹솔로지 세계에 입문해서 창작의 한계를 깨고 진정한 미식 체험을 선사하고 있다. 완벽주의자인 그는 엄격함 그 자체이다. 루카 치넬리의 바는 모든 것이 완벽하게 준비되어 있을 때만 문을 열며, 좌석이 없는 경우 손님을 받지 않는다. 그의 칵테일 중에는 완성하는 데 2년이 걸린 것도 있다. 그의 바에서 일하는 모든 직원은 당연히 칵테일 메뉴를 완벽하게 외우고 있어야 한다. 「나이트자(Nightjar)」를 오픈한 이후 수년 동안 연속적으로 세계 3대 베스트 바에 등극시킨 루카 치넬리는, 이제 마찬가지로 런던에 위치한 「오리올 바(Oriole Bar)」를 지키고 있다.

대표 칵테일

LAMBANOG MULE
람바녹 뮬

이스트 인디아 컴퍼니 진 • 람바녹(코코넛 와인)
슬로 쿡 팜 슈거 차이 • 향신료를 넣은 파인애플주스
진저비어 • 레몬주스

칵테일 파티 준비하기

칵테일 파티로 즐거운 놀라움을 선사할 수도 있지만, 즉흥적인 것은 좋지 않다. 완전히 실패한 파티가 될 수 있기 때문이다.

인원수에 따라 계산한다

작은 파티든 웨딩바이든 참석 인원을 파악한 뒤에는 손님을 성향에 따라 분류할 필요가 있다. 예를 들어, 금세 술을 동내는 친구 폴이나 한 잔 이상은 마시지 않는 오데트 할머니 등으로 말이다. 그리고 계산해야 한다.

꼼꼼한 사람이라면 술 한 병에서 정확히 몇 잔이 나오는지 알아둔다. 그렇지 않다면, 아래의 일반적인 계산을 참고한다. 단, 책임은 당신의 몫이다.

- 750㎖ 와인 1병 = 5~6잔
- 750㎖ 샴페인 1병 = 6~8잔
- 750㎖ 독주 1병 = 칵테일 15잔(다른 재료를 함께 사용하는 경우)
- 손님 1인 = 칵테일 3~4잔(평균)

얼음을 많이 준비한다

칵테일 파티의 실탄은 사실 얼음이다. 잔을 차갑게 만들기 위해, 셰이킹과 스터링에, 또는 칵테일 잔에 넣어 서빙하기 위해 많은 양의 얼음이 필요하다. 그러므로 봉지 얼음을 충분히 준비해서 폴리스티렌 재질의 보냉 박스에 몇 시간 동안 보관해두고 사용해야 한다.

다양하지만 제한된 선택이 필요하다

모두가 전 세계에서 가장 훌륭한 칵테일 파티를 열고 싶어한다. 그러나 예산과 운영을 생각하면 간단하고 균형 잡힌 메뉴가 바람직하다. 끝없이 이어지는 리스트는 파티 운영에 악몽을 안겨줄 수 있다. 2~3가지 정도의 칵테일을 정해서 각자의 취향에 따라 여러 가지 베리에이션이 가능하게 준비하는 것이 좋다. 또한 구성을 다양화해서 롱 드링크와 쇼트 드링크, 쌉쌀한 칵테일과 달콤한 칵테일, 클래식 칵테일과 잘 알려지지 않은 창작 칵테일, 중성적인 주류(진, 보드카 등)와 흔하지 않은 독특한 주류(메즈칼 등)를 잘 조화시키는 것이 좋다.

또한 메뉴를 시간, 행사의 성격, 날씨 등에 맞게 조절하는 것도 잊으면 안 된다. 오후 5시의 와인 리셉션에 지나치게 알코올 도수가 높은 칵테일을 내거나, 그늘에서도 35℃가 넘는 날씨에 너무 달콤한 와인을 서빙하는 일은 피해야 한다.

잔을 넉넉하게 준비한다

잔을 잃어버리거나, 깨트리거나, 또는 아무 곳에나 두는 친구들을 다루는 일은 쉽지 않다. 바텐더는 칵테일에 집중해야 한다. 바텐더가 잔까지 닦아야 한다면 칵테일을 기다리는 줄은 수십 명의 사람들로 길게 늘어질 것이다. 잔은 칵테일(쇼트 드링크 또는 롱 드링크)에 맞게 준비하되, 가능하면 2종류로 제한한다. 또한 할 수 있다면 바의 식기세척기를 빌린다. 당신의 구세주가 되어줄 것이다. 파티가 끝난 뒤 수백 개의 잔을 손으로 일일이 닦는 것보다 지겨운 일은 없다.

바텐더를 충분히 확보한다

칵테일을 만드는 과정의 복잡함, 손님 수, 칵테일을 만드는 사람의 전문성 등에 따라 바텐더가 더 필요할지도 모른다. 칵테일을 오래 기다리는 것보다 나쁜 일은 없다. 틀림없이 분위기가 험악해질 것이다.

최대한 미리 준비한다

칵테일을 만드는 동안 과일즙을 짤 수 있을 거라는 생각은 꿈에도 하지 말자. 당일 아침에는 필요한 모든 것을 미리 준비해둬야 한다. 또한 소프트 드링크 종류를 차갑게 보관하고, 파티 장소를 장식하는 것도 잊으면 안 된다.

앞치마를 준비한다

셰이킹이나 스터링은 쉬운 일이 아니다. 과일즙이 튀고, 갑자기 셰이커가 열리는 등의 사고는 매우 흔하게 일어난다. 그러므로 앞치마를 준비하자. 앞치마를 사용하는 사람이 점점 늘어나고 있으며, 분명히 도움이 된다.

이상적인 뮤직 플레이리스트

칵테일 파티에는 음악이 필요하다. 칵테일 바에 고유의 사운드 트랙이 있는 경우도 많다. 그러나 분위기에 맞지 않는 음악을 틀지 않도록 주의한다.

테마가 있는 칵테일 파티를 위한 플레이리스트

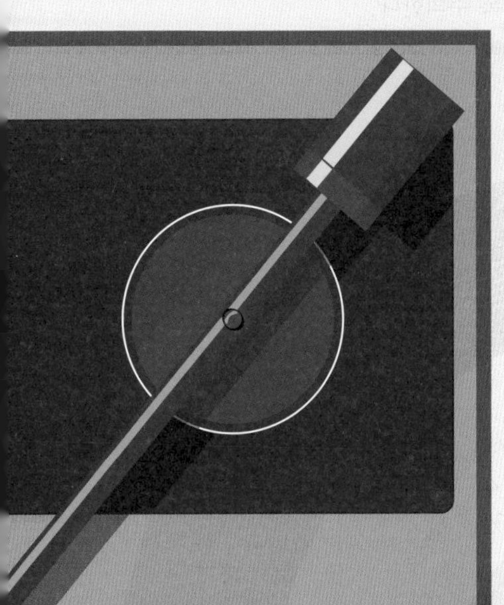

청각은 미각에 작용한다

만약 당신이 최신 음반을 틀 생각이었다면 미안하지만, 음식에서는 모든 음악이 진가를 발휘하는 것은 아니다. 고주파 음역대가 음식 맛을 부드럽게 해주는 반면, 저주파는 쓴맛을 끌어낸다.

초콜릿 테스트

초콜릿 한 조각을 들고 오디오 가까이에 편안하게 앉아서 낮고 둔탁한 음을 들어보자. 당신의 미뢰는 수축하며 쓴맛에 집중하게 될 것이다. 반대로 높은 주파수의 음을 들으면 따뜻하고 달콤한 느낌이 입안에 퍼진다.

뉴욕

01 New York Girls, **Morningwood**
02 Bobby Darin, **Sunday in New York**
03 Rod Stewart & Bette Midler, **Manhattan**
04 Norah Jones & The Peter Malick Group, **New York City**
05 Frank Sinatra, **New York, New York**
06 Sting, **Englishman in New York**
07 Alicia Keys & Jay-Z, **Empire State of Mind**
08 Grandmaster Flash, **The Message**
09 St. Vincent, **New York**
10 Lenny Kravitz, **New York City**

뉴올리언스 스타일

01 Clarence Frogman Henry, **Ain't Got No Home**
02 Little Walter, **My Babe**
03 Clarence Garlow, **New Bon-Ton Roulay**
04 Bobby Charles, **Take It Easy Greasy**
05 Louisiana Red, **Alabama Train**
06 Muddy Waters, **Louisiana Blues**
07 Slim Harpo, **I'm a King Bee**
08 Big Bill Broonzy, **Southern Flood Blues**
09 Big Joe Reynolds, **Third Street Woman Blues**
10 Little Walter, **Come Back Baby**
11 Bobby Charles, **See You Later Alligator**
12 Slim Harpo, **I Got Love If You Want It**
13 Lightnin' Slim, **It's Mighty Crazy**
14 Warren Storm, **Mama Mama Mama**
15 Lightnin' Slim, **My Starter Won't Work**
16 Lazy Lester, **I'm a Lover Not a Fighter**

쿠바로 가는 길

01 Leyanis Lopez, **Deja volar**
02 Osdalgia, **La fulana llego**
03 Issac Delgado, **La titimania**
04 Orquesta Anacaona, **Lo que tu esperabas**
05 Willy Chirino, **Rumbera**
06 Celia Cruz, **Oye como va**
07 Juan Kemell y La Barriada, **El ultimo son del mundo**
08 Arnaldo y Su Talisman, **Tierra de la soledad**

영화와 TV 드라마 속 칵테일

영화나 TV 드라마에는 특별히 좋아하는 칵테일을 홀짝이는 인물이 자주 등장하며,
칵테일을 통해 인물의 성격을 드러내기도 한다.

칵테일	인물	작품
올드 패션드	돈 드레이퍼	매드맨 Mad Men
화이트 러시안	더 듀드	위대한 레보스키 The Big Lebowski
피냐 콜라다	토니 몬타나	스카페이스 Scarface
프렌치 75	이본	카사블랑카 Casablanca
마르가리타	찰리 하퍼	두 남자와 1/2 Two And A Half Men
모히토	소니 크로켓	마이애미 바이스 Miami Vice
아브라카다브리스	브리스	니스의 브리스 Brice de Nice
사이드 카	아서 러스킨	허영의 불꽃 The Bonfire Of The Vanities
바나나 다이키리	프레도 콜레오네	대부 2 The Godfather II
롱 아일랜드 아이스 티	세실 캘드웰	사랑보다 아름다운 유혹 Cruel Intentions
블러디 메리	어윈 플레처	플레치 Fletch
깁슨	로저 O. 손힐	북북서로 진로를 돌려라 North By Northwest
진 리키	제이 개츠비	위대한 개츠비 The Great Gatsby
마르가리타	수잔 델피노	위기의 주부들 Desperate Housewives
싱가포르 슬링	라울 듀크	라스베가스의 공포와 혐오 Fear And Loathing In Las Vegas
맨해튼	슈거 케인	뜨거운 것이 좋아 Some Like It Hot

“제임스 본드는 특별한 방식으로 주문하는
보드카 마티니로 유명하지만,
그의 칵테일은 본드걸처럼 자주 바뀌지 않았다.”

블러디 메리
007 네버 세이 네버 어게인
Never Say Never Again

베스퍼 마티니
007 카지노 로얄
Casino Royale

민트 줄렙
007 골드 핑거
Goldfinger

럼 콜린스
007 썬더볼 작전
Thunderball

모히토
007 어나더데이
Die Another Day

글루바인
007 유어 아이즈 온리
For Your Eyes Only

분위기에 맞는 칵테일

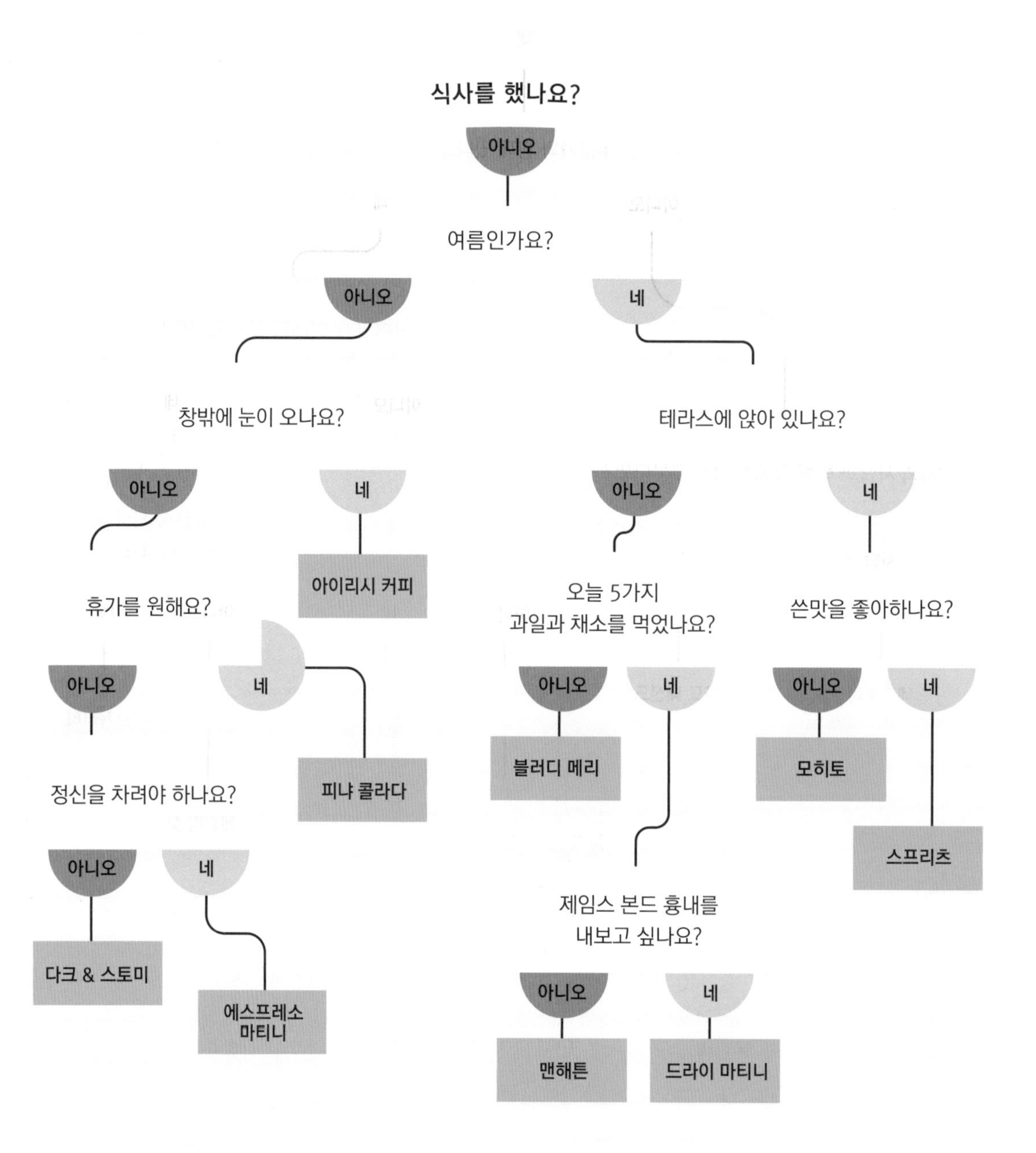
식사를 했나요?
아니오
여름인가요?
아니오
네
창밖에 눈이 오나요?
테라스에 앉아 있나요?
아니오
네
아이리시 커피
아니오
네
휴가를 원해요?
오늘 5가지
과일과 채소를 먹었나요?
쓴맛을 좋아하나요?
아니오
네
피냐 콜라다
아니오
네
블러디 메리
아니오
네
모히토
스프리츠
정신을 차려야 하나요?
아니오
네
다크 & 스토미
에스프레소
마티니
제임스 본드 흉내를
내보고 싶나요?
아니오
네
맨해튼
드라이 마티니

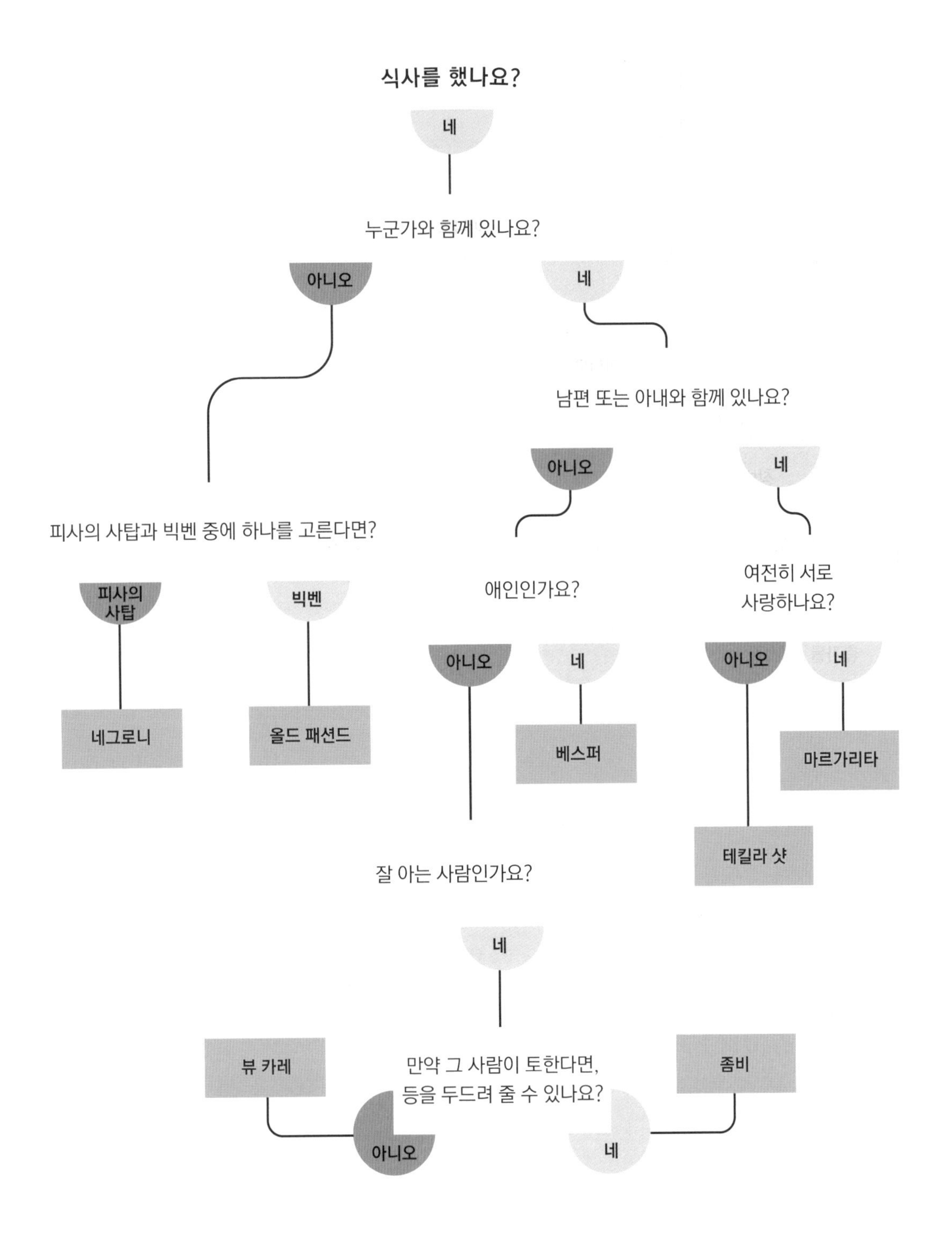
식사를 했나요?
네
누군가와 함께 있나요?
아니오
네
남편 또는 아내와 함께 있나요?
피사의 사탑과 빅벤 중에 하나를 고른다면?
아니오
네
피사의 사탑
빅벤
애인인가요?
여전히 서로 사랑하나요?
아니오
네
아니오
네
네그로니
올드 패션드
베스퍼
마르가리타
테킬라 샷
잘 아는 사람인가요?
네
뷰 카레
만약 그 사람이 토한다면, 등을 두드려 줄 수 있나요?
좀비
아니오
네

칵테일, 어디에서 마실까?

그날의 기분, 날씨, 또는 함께 있는 사람에 따라 칵테일을 마시는 장소가 달라진다.

바-레스토랑

어떤 스타일? **미식가**
무엇을 마실까? **네그로니**
가격 **₩₩₩**

루프탑

어떤 스타일? **도시적**
무엇을 마실까? **맨해튼**
가격 **₩₩**

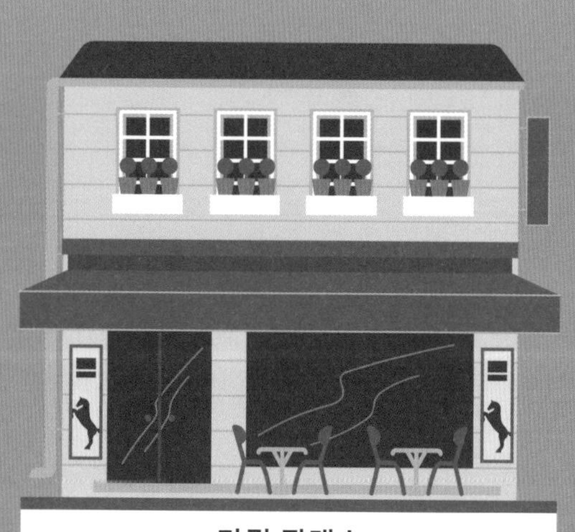

마권 판매소

어떤 스타일? **매우 편안하다**
무엇을 마실까? **키르 또는 모레스크**
가격 **₩**

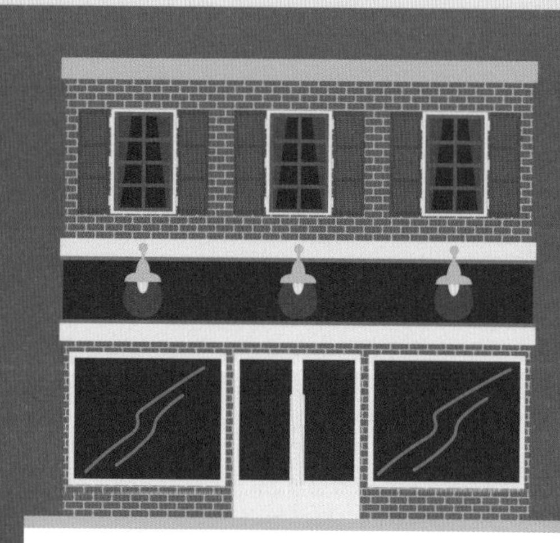

칵테일 바

어떤 스타일? **캐주얼 시크**
무엇을 마실까? **바텐더 창작 칵테일**
가격 **₩₩**

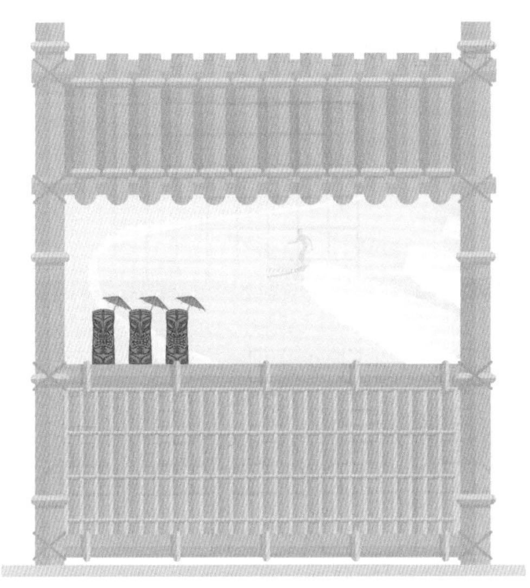

해변의 바

어떤 스타일? **여름 분위기**
무엇을 마실까? **마이 타이**
가격 **₩₩**

고급 호텔의 바

어떤 스타일? **부르주아**
무엇을 마실까? **캐비어 마티니**
가격 **₩₩₩₩**

비행기 안

어떤 스타일? **높은 곳**
무엇을 마실까? **블러디 메리**
가격 **저가항공 또는 비즈니스 클래스?**

크루즈 여행

어떤 스타일? **떠다니는 중**
무엇을 마실까? **롱 아일랜드 아이스 티**
가격 **선장님이 내는 겁니다!**

실전 레시피

칵테일에 대한 모든 것을 배웠으니 지금부터는 바에 서서
직접 칵테일을 만들어볼 차례이다.
알코올을 넣은 것과 안 넣은 것,
단순한 칵테일과 복잡한 칵테일,
또 클래식한 칵테일과 독창적인 칵테일까지,
무엇이든 만들 수 있다.

이 술로 어떤 칵테일을 만들까?

여기서는 기본적인 술로 만들 수 있는 여러 가지 칵테일을 한눈에 알아보기 쉽게 정리하였다.

위스키/버번

불바르디에(p.150)
아이리시 커피(p.160)
맨해튼(p.162)
민트 줄렙(p.164)
올드 패션드(p.168)
뷰 카레(p.175)
위스키 사워(p.176)

테킬라

마르가리타(p.163)

피스코

피스코 사워(p.170)

럼

다이키리(p.154) • 다크 & 스토미(p.155)
엘 프레지덴테(p.157) • 마이 타이(p.161)
모히토(p.165) • 피냐 콜라다(p.169)
좀비(p.178)

진

드라이 마티니(p.156) • 진피즈(p.159)
네그로니(p.167) • 톰 콜린스(p.173)
베스퍼(p.174) • 화이트 레이디(p.177)

카샤사

카이피리냐(p.151)
*카샤샤_ 사탕수수 원액을 발효시켜서 만든 브라질 증류주

코냑

B & B(p.147)
사제락(p.171)
사이드 카(p.172)
뷰 카레(p.175)

보드카

블랙 러시안(p.148) • 블러디 메리(p.149)
카이피로프스카(p.152) • 코스모폴리탄(p.153) • 에스프레소 마티니(p.158)
모스코 뮬(p.166) • 베스퍼(p.174)

▶ 1861 ▶

AMERICANO

아 메 리 카 노

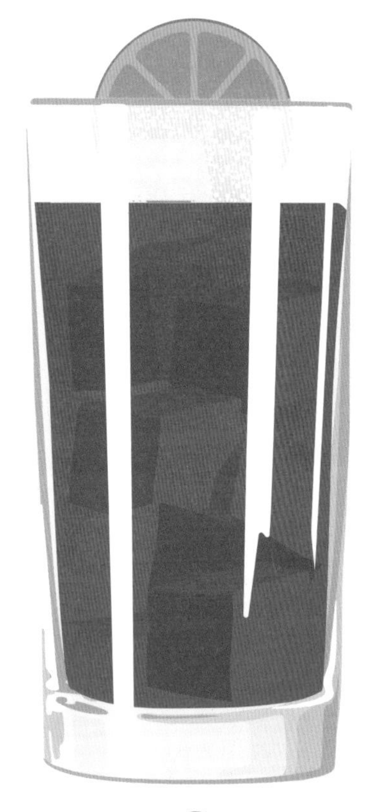

역사

처음에는 밀라노산 캄파리와 토리노산 베르무트를 사용했다고 해서 「밀라노 토리노」라고 불리던 칵테일이다. 이탈리아를 방문한 미국인들 사이에서 인기를 끌었으며, 미국의 금주법 시대에 더욱 유명해졌다. 「아메리카노」라는 이름을 갖게 된 것은 1917년이다.

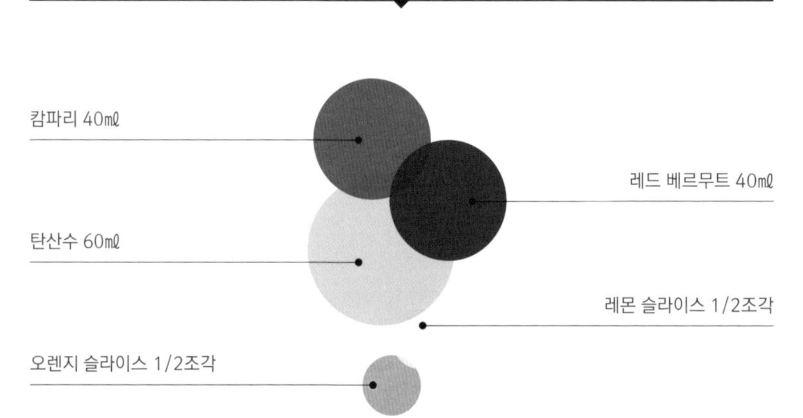

1

잔에 얼음을 채운다.

2

잔에 레몬과 오렌지 슬라이스를 제외한 나머지 재료를 넣는다.

3

바 스푼으로 원을 그리며 젓는다. 위아래로도 섯는다.

4

레몬과 오렌지 슬라이스를 넣는다.

맛에 따른 분류

드라이

마시기 좋은 시간

식전

▶ 1937 ▶ 

B & B

비 앤 비

역사

뉴욕의 유명 레스토랑 「21 클럽」에서 탄생한 칵테일. 이 이름은 단순히 칵테일에 들어가는 두 가지 재료인 브랜디와 베네딕틴의 첫 글자를 딴 것이다.

글라스	방법	얼음 형태
코냑 글라스	**믹싱 글라스**	**큐브**

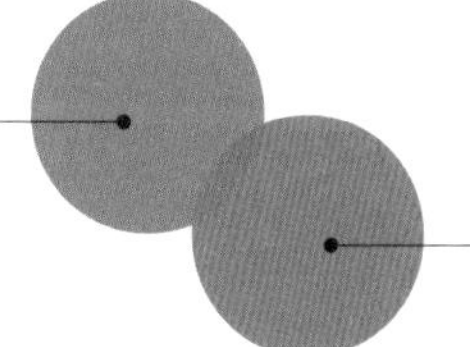

맛에 따른 분류

스위트

마시기 좋은 시간

식후

1 잔에 얼음을 채워서 시원하게 만든다.

2 믹싱 글라스에 얼음을 채우고 코냑과 베네딕틴을 붓는다.

3 바 스푼으로 20초 동안 젓는다.

4 얼음을 채워둔 잔을 비운다.

5 스트레이너로 얼음을 걸러내면서 칵테일을 따른다.

▶ 1949 ▶ 

BLACK RUSSIAN

블 랙 러 시 안

역사

블랙 러시안은 브뤼셀에서 귀스타브 톱스(Gustave Tops)라는 바텐더가 처음 선보인 칵테일로, 주 룩셈부르크 미국 대사였던 펄 메스타(Perle Mesta)를 위해 만든 것이다. 블랙 러시안이라는 이름은 보드카(러시아)와 커피 리큐어의 색깔(블랙)에서 따왔다. 또한 서방세계와 소비에트 연방의 냉전시대를 상징하기도 한다.

글라스	방법	얼음 형태
올드 패션드 글라스	**잔**	**큐브**

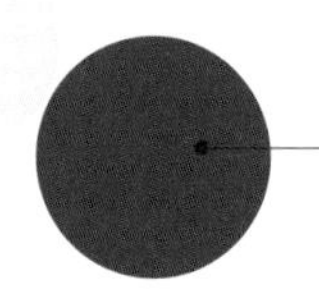

맛에 따른 분류

스위트

마시기 좋은 시간

저녁식사 후

1. 잔에 얼음을 채운다.
2. 잔에 모든 재료를 붓는다.
3. 바 스푼으로 젓는다.

▶ 1939 ▶  ▶ 어니스트 헤밍웨이의 칵테일.
(파리의 리츠 호텔에서 의사가 음주를 금지했을 때 마셨던 칵테일)

BLOODY MARY

블 러 디 메 리

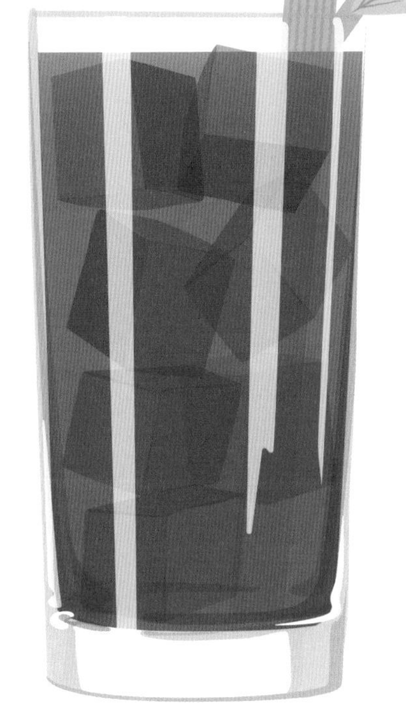

역사

파리에 있는 「해리스 뉴욕 바(Harry's New York Bar)」에서 이 칵테일이 탄생했다는 이야기도 있지만, 그보다는 캔 토마토주스가 개발된 미국에서 처음 만들었다는 이야기가 더 믿을 만하다. 책에서 블러디 메리에 대한 기록이 처음 나타난 것은 1939년 미국으로 거슬러 올라간다.

글라스	방법	얼음 형태
하이볼 글라스	**잔**	**큐브**

- 보드카 50㎖
- 토마토주스 100㎖
- 레몬주스 10㎖
- 우스터소스 2dash
- 타바스코 2dash
- 셀러리 솔트 3꼬집
- 후추 1꼬집
- 셀러리 1줄기

1. 잔에 얼음을 채운다.
2. 보드카, 토마토주스, 레몬주스를 붓고 셀러리 줄기를 제외한 나머지 재료를 첨가한다.
3. 바 스푼으로 젓는다.
4. 셀러리 줄기를 장식한다.

맛에 따른 분류

스무디

마시기 좋은 시간

언제나

▶ 1927 ▶  ▶ 오리지널 레시피

BOULEVARDIER
불 바 르 디 에

역사

해리 맥켈혼(Harry MacElhone)은 금주법 시기에 미국을 떠난 많은 바텐더들 중 한 사람이다. 그는 파리의 「해리스 뉴욕 바」를 통해 이름을 알렸다. 전해오는 이야기에 따르면 그는 파리의 월간지 『불바르디에』의 편집인이었던 어스킨 귄(Erskine Gwynne)과 아서 모스(Arthur Moss)를 위해 이 칵테일을 만들었다고 한다. 원래는 재료를 같은 비율로 넣지만, 더 많은 사람의 입맛을 만족시키기 위해 점차 버번의 양을 늘리고 캄파리와 베르무트의 양을 줄여서 만들게 되었다.

글라스	방법	얼음 형태
올드 패션드 글라스	**잔**	**큐브**

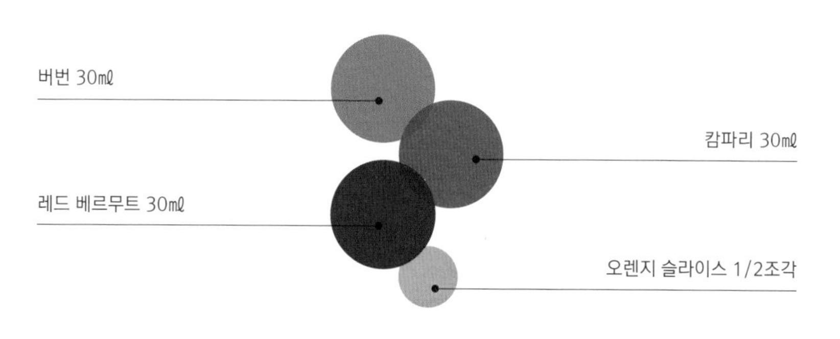

맛에 따른 분류

스위트

마시기 좋은 시간

저녁식사 후

1. 잔에 얼음을 채운다.
2. 잔에 오렌지 슬라이스를 제외한 나머지 재료를 붓는다.
3. 바 스푼으로 15초 동안 젓는다.
4. 오렌지 슬라이스를 넣는다.

▶ 1918 ▶  ▶ 브라질의 국민 칵테일

COCKTAILS CELEBRITY

CAÏPIRINHA

카 이 피 리 냐

역사

카이피리냐의 레시피는 20세기 초에 만들어진 것으로, 당시 스페인 독감 치료에 흔히 쓰이던 음료이다. 「카이피라(Caipira)」는 브라질에서 시골뜨기를 가리키는 말로 현대적이거나 세련된 것과는 거리가 멀다는 의미다. 훌륭한 카이피리냐를 만드는 비법은 질 좋은 카샤사를 사용하는 것이다.

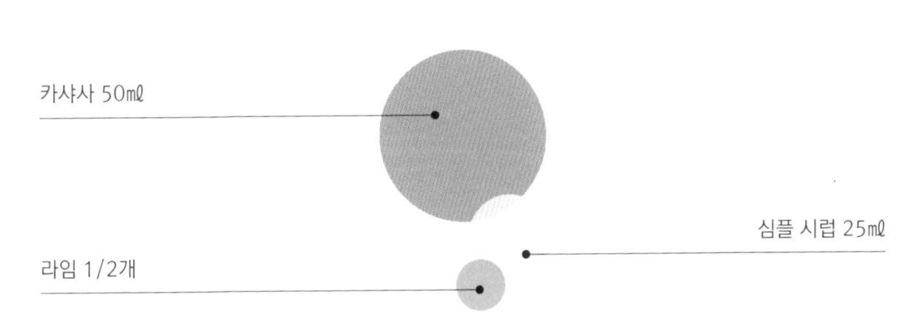

맛에 따른 분류

리프레싱

마시기 좋은 시간

언제나

1. 라임을 작게 잘라서 잔에 넣고 머들러로 으깬다.
2. 잔에 얼음을 채운다.
3. 잔에 나머지 재료를 붓는다.
4. 바 스푼으로 원을 그리면서 젓고, 위아래로도 젓는다.

▶ 1990 ▶

CAÏPIROVSKA

카 이 피 로 프 스 카

역사

스웨덴의 보드카 브랜드가 마케팅 목적으로 만든 카이피로프스카는 북유럽 뿐만 아니라 남미에서도 큰 성공을 거두었다.

글라스

올드 패션드 글라스

방법

잔

얼음 형태

큐브 또는 크러시드 아이스

보드카 50㎖

심플 시럽 25㎖

라임 1/2개

맛에 따른 분류

리프레싱

마시기 좋은 시간

식전

1 라임을 작게 잘라서 잔에 넣고 머들러로 으깬다.

2 잔에 얼음을 채운다.

3 잔에 나머지 재료를 붓는다.

4 바 스푼으로 원을 그리면서 젓고, 위아래로도 젓는다.

▶ 1990 ▶  ▶

드라마 〈섹스 앤 더 시티(Sex and the City)〉에서 캐리 브래드쇼의 칵테일.

COCKTAILS CELEBRITY

COSMOPOLITAN

코 스 모 폴 리 탄

역사

코스모폴리탄의 현대 버전은 마돈나 같은 스타가 즐겨 마시는 음료이다. 코스모폴리탄은 1927년부터 존재했으나, 레시피는 지금과 달라서 스카치 위스키, 아이리시 위스키, 스웨덴 펀치, 보드카, 이탈리아 베르무트, 프랑스 베르무트, 레몬제스트를 사용했다. 그 이름처럼 세계적인 술이다.

글라스	방법	얼음 형태
마티니 글라스	**셰이커**	**큐브**

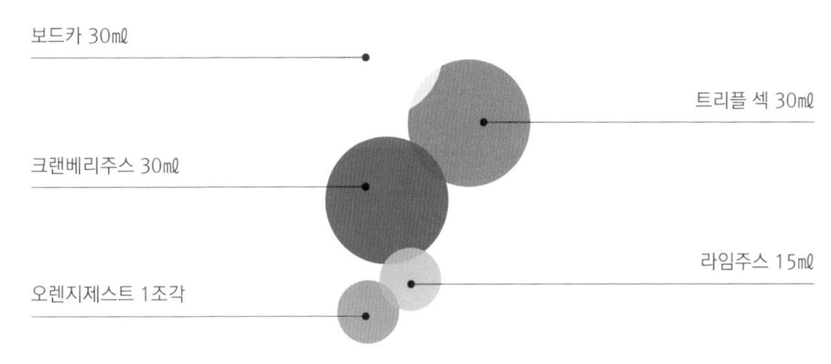

맛에 따른 분류

드라이

마시기 좋은 시간

언제나

1. 잔에 얼음을 채워서 차갑게 만든다.
2. 셰이커에 오렌지제스트를 제외한 나머지 재료를 붓고, 얼음 6~10개를 넣는다.
3. 표면에 성에가 낄 때까지 셰이킹한다.
4. 얼음을 채워둔 잔을 비운다.
5. 스트레이너로 얼음을 걸러내면서 칵테일을 따른다.
6. 오렌지제스트를 장식한다.

▶ 1898 ▶ ▶ 어니스트 헤밍웨이의 칵테일.

DAIQUIRI

다 이 키 리

역사

전해오는 이야기에 따르면 다이키리는 원래 약으로 쓰기 위해 만든 것이었다. 실제로 다이키리를 만든 사람은 아마도 아바나에 있는 현지 칵테일에 싫증난 미국인일 것이다.

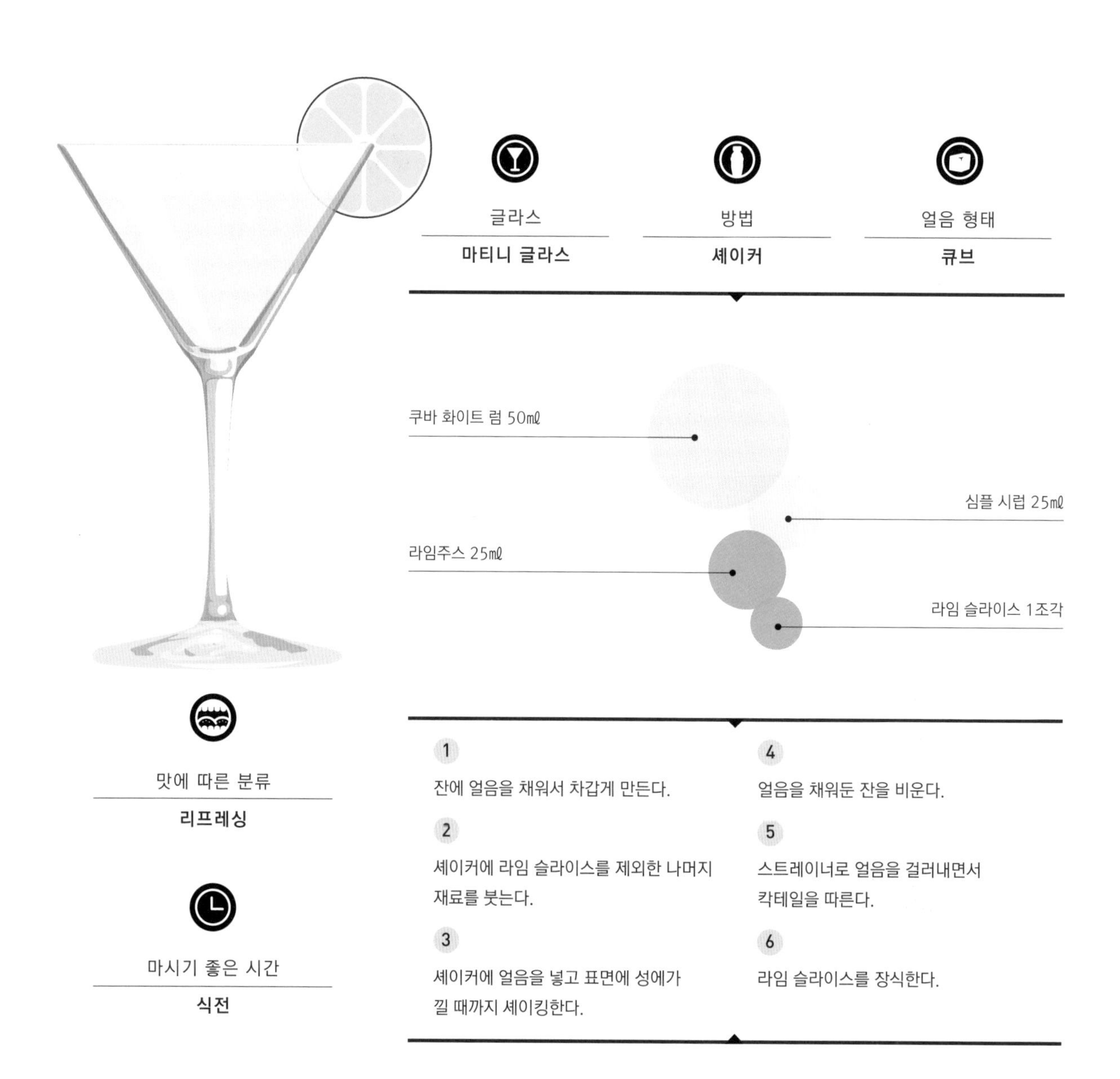

글라스	방법	얼음 형태
마티니 글라스	**셰이커**	**큐브**

- 쿠바 화이트 럼 50㎖
- 심플 시럽 25㎖
- 라임주스 25㎖
- 라임 슬라이스 1조각

맛에 따른 분류

리프레싱

마시기 좋은 시간

식전

1. 잔에 얼음을 채워서 차갑게 만든다.
2. 셰이커에 라임 슬라이스를 제외한 나머지 재료를 붓는다.
3. 셰이커에 얼음을 넣고 표면에 성에가 낄 때까지 셰이킹한다.
4. 얼음을 채워둔 잔을 비운다.
5. 스트레이너로 얼음을 걸러내면서 칵테일을 따른다.
6. 라임 슬라이스를 장식한다.

▶ 1919 ▶ 

DARK & STORMY

다 크 & 스 토 미

역사

다크 & 스토미는 럼 브랜드에 의해 이름이 등록된, 흔치 않은 칵테일 가운데 하나이다. 1991년 버뮤다 섬의 고슬링(Goslings)사는 이 칵테일을 「다크 앤 스토미(Dark'N Stormy)」라는 이름으로 등록했다.

글라스

하이볼 글라스

방법

잔

얼음 형태

큐브

골드 럼 50㎖

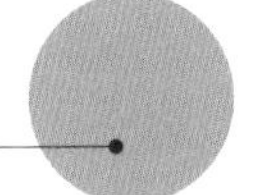

진저비어 100㎖

라임 슬라이스 1조각

1

잔에 얼음을 채운다.

2

라임 슬라이스를 제외한 나머지 재료를 잔에 붓는다.

3

바 스푼으로 젓는다.

4

라임을 올린다.

맛에 따른 분류

리프레싱

마시기 좋은 시간

언제나

▶ 1904 ▶

DRY MARTINI

드 라 이 마 티 니

맛에 따른 분류

드라이

마시기 좋은 시간

식전

역사

드라이 마티니는 영국인 바텐더 프랭크 P. 뉴맨(Frank P. Newman)이 파리 오페라광장에 위치한 「르 그랑 호텔」에 근무할 당시에 만든 것이다. 그러나 만드는 방법에 대해서는 여러 가지 의견이 있다. 전해오는 이야기에 따르면 한 미국인 파일럿이 이렇게 말했다고 한다. 「만일 내가 어딘가 멋진 지상 낙원에 숨어들게 된다면, 나는 나를 위한 칵테일 한 잔을 만들 것이다. 그러면 금세 덤불숲에서 누군가 달려나와 나에게 말하겠지, 마티니는 이렇게 만드는 게 아니라고!」

글라스	방법	얼음 형태
마티니 글라스	**믹싱 글라스**	**큐브**

진 50㎖

드라이 베르무트 10㎖

올리브 1개

레몬제스트 1조각

1. 잔에 얼음을 채워서 차갑게 만든다.
2. 믹싱 글라스에 얼음을 넣고 진과 베르무트를 붓는다.
3. 바 스푼으로 젓는다.
4. 얼음을 채워둔 잔을 비운다.
5. 올리브와 레몬제스트를 넣는다.

▶ 1915 ▶

EL PRESIDENTE

엘 프레지덴테

역사

엘 프레지덴테에 대한 최초의 기록은 20세기 초로 거슬러 올라간다. 존 에스칼란테(John Escalante)가 쓴 최초의 쿠바 레시피북으로 추정되는 책에서 관련 내용을 찾아볼 수 있다. 그러나 저자가 이 칵테일을 개발했다고는 확신할 수 없다. 「대통령」을 의미하는 이 칵테일이 어떤 대통령을 기리기 위한 것인지는 당신의 생각에 맡긴다.

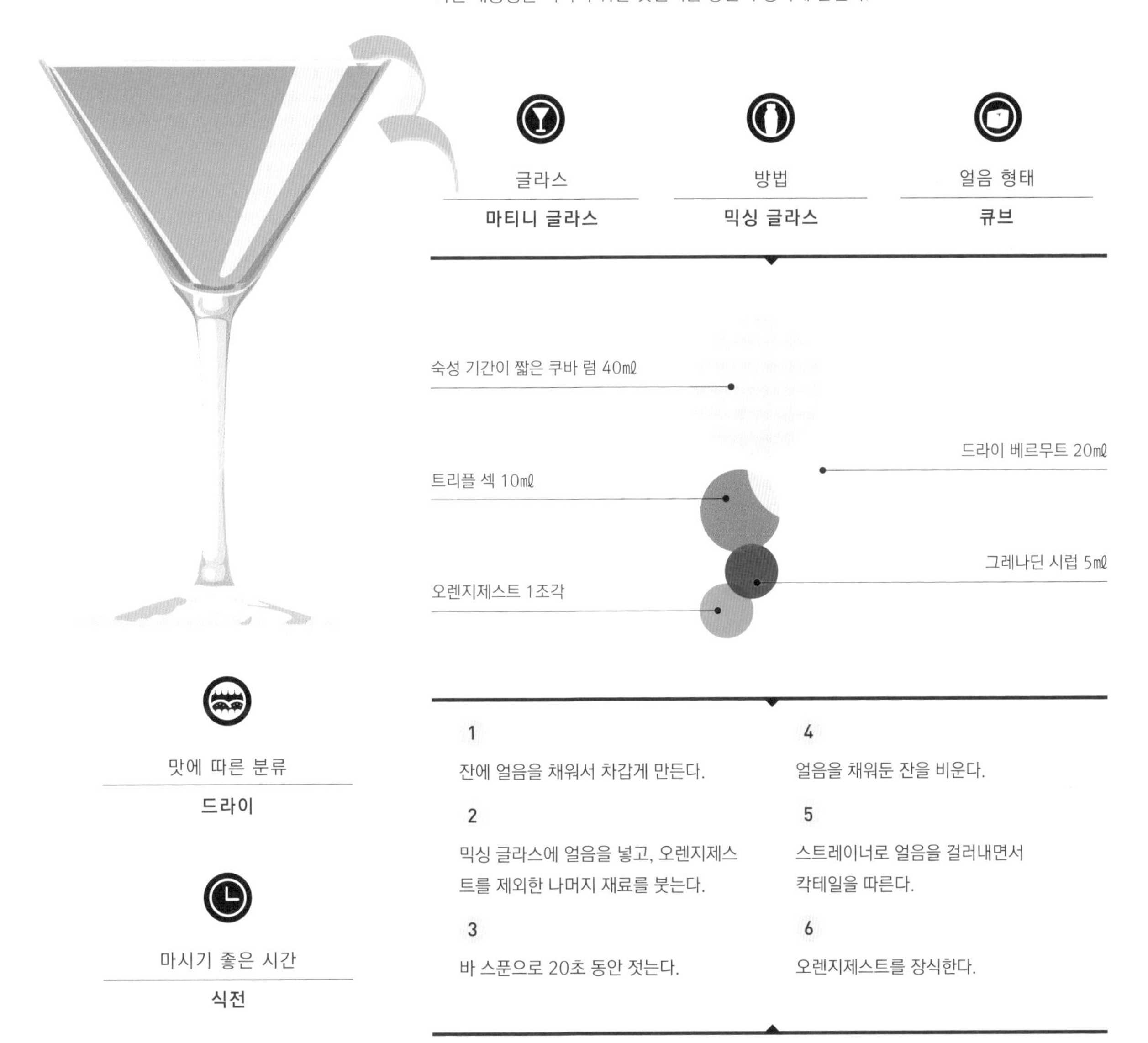

글라스	방법	얼음 형태
마티니 글라스	**믹싱 글라스**	**큐브**

- 숙성 기간이 짧은 쿠바 럼 40mℓ
- 드라이 베르무트 20mℓ
- 트리플 섹 10mℓ
- 그레나딘 시럽 5mℓ
- 오렌지제스트 1조각

1. 잔에 얼음을 채워서 차갑게 만든다.
2. 믹싱 글라스에 얼음을 넣고, 오렌지제스트를 제외한 나머지 재료를 붓는다.
3. 바 스푼으로 20초 동안 젓는다.
4. 얼음을 채워둔 잔을 비운다.
5. 스트레이너로 얼음을 걸러내면서 칵테일을 따른다.
6. 오렌지제스트를 장식한다.

맛에 따른 분류

드라이

마시기 좋은 시간

식전

▶ 1983 ▶

ESPRESSO MARTINI

에 스 프 레 소 마 티 니

역사

많은 사람이 에스프레소 마티니를 자신이 만들었다고 주장하지만, 일반적으로는 1980년대 런던 소호의 브라스리에서 일했던 딕 브래드셀(Dick Bradsell)을 이 칵테일의 아버지로 인정한다. 어느 날 한 젊은 여성이 그에게 찾아와 이런 말로 칵테일을 주문했다. 「나를 깨워줘요. 그리고 엉망으로 만들어줘요!(Wake Me Up, And Then Fuck Me Up!)」 이 말을 들은 브래드셀이 칵테일을 만드는 작업대 옆에 있던 커피 머신을 보고 이 레시피를 생각해냈다고 한다.

글라스	방법	얼음 형태
마티니 글라스	**셰이커**	**큐브**

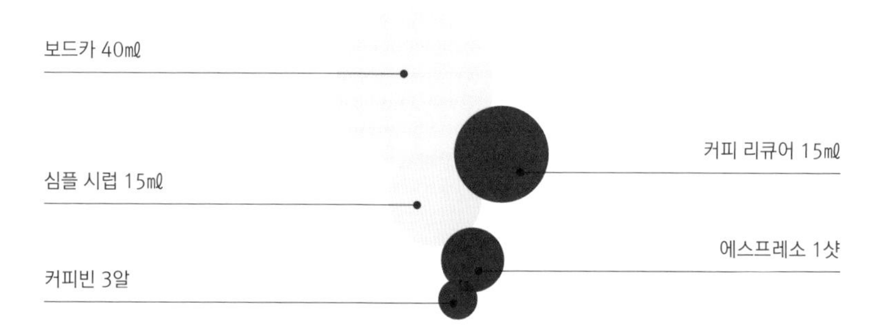

맛에 따른 분류

스위트

마시기 좋은 시간

식후

1. 잔에 얼음을 채워 차갑게 만든다.
2. 셰이커에 커피빈을 제외한 나머지 재료를 붓는다.
3. 셰이커에 얼음을 넣고 표면에 성에가 낄 때까지 셰이킹한다.
4. 얼음을 채워둔 잔을 비운다.
5. 스트레이너로 얼음을 걸러내면서 칵테일을 따른다.
6. 커피빈을 장식한다

▶ 1750 ▶ 

GIN FIZZ

진 피 즈

역사

진피즈의 역사는 진토닉의 역사와 관계가 있다. 진토닉은 원래 영국 군인들에게 말라리아 치료제로 처방되었는데, 그들은 육지로 돌아온 뒤에도 즐거움과 건강을 위해 계속해서 진토닉을 마셨다. 그리고 누군가가 진토닉을 더 가볍고 시원하게 만들기 위해 설탕을 넣고 탄산수로 희석해서 마시는 방법을 생각해냈다. 진피즈는 그렇게 탄생했다.

글라스	방법	얼음 형태
하이볼 글라스	**셰이커**	**큐브**

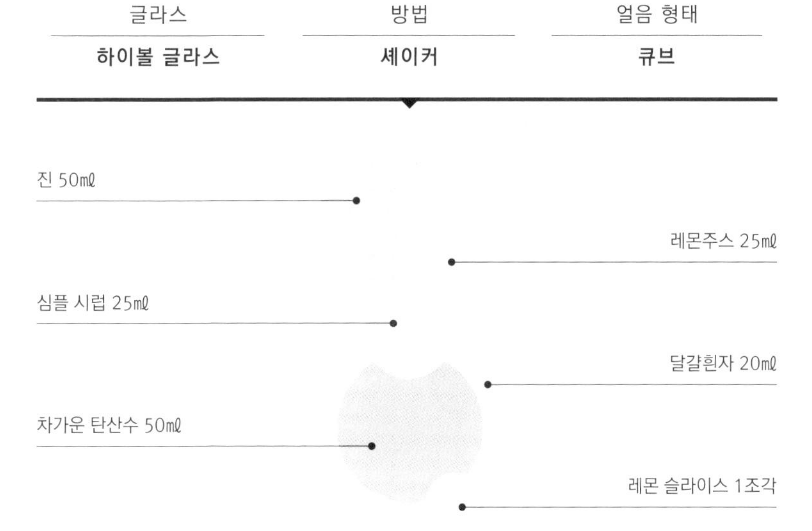

- 진 50㎖
- 레몬주스 25㎖
- 심플 시럽 25㎖
- 달걀흰자 20㎖
- 차가운 탄산수 50㎖
- 레몬 슬라이스 1조각

1. 셰이커에 탄산수와 레몬 슬라이스를 제외한 나머지 재료를 붓는다.
2. 얼음 없이 10초 동안 셰이킹한 다음, 얼음을 넣고 셰이커 표면에 성에가 낄 때까지 다시 셰이킹한다.
3. 스트레이너로 얼음을 걸러내면서 칵테일을 따른다.
4. 탄산수를 채운다.
5. 레몬 슬라이스를 장식한다.

맛에 따른 분류

리프레싱

마시기 좋은 시간

언제나

▶ 1939 ▶ ■ ■

IRISH COFFEE

아 이 리 시 커 피

역사

아이리시 커피는 아일랜드의 포인즈(Foynes)에서 탄생했다. 뉴욕으로 향하던 수상비행기가 악천후로 회항하자, 추위에 지친 승객들은 따뜻하고 기운이 나는 음료를 원했다. 이때 공항에서 일하던 조셉 셰리단(Joseph Sheridan)이라는 바텐더가 아이리시 커피 의 레시피를 생각해냈다. 이후 샌프란시스코의 카페 「부에나 비스타(Buena Vista)」의 소유주였던 잭 쾨플러(Jack Koeppler)가 오랜 연구 끝에 아이리시 커피를 재탄생시켰다.

글라스	방법	얼음 형태
토디 글라스 또는 커피잔	**잔**	**없음**

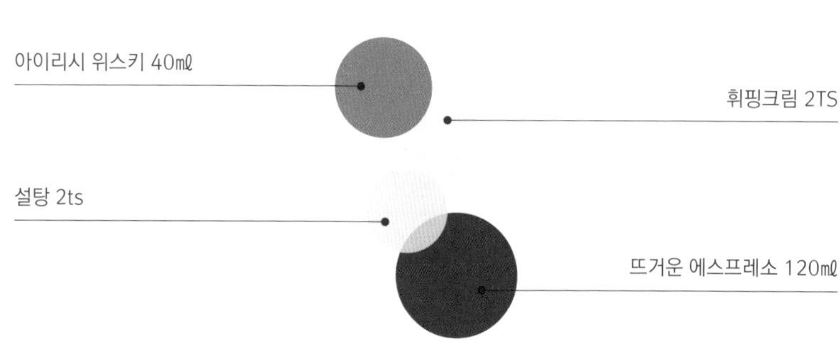

맛에 따른 분류

핫(hot)

마시기 좋은 시간

언제나

커피잔에 위스키, 설탕, 커피를 넣는다. 저어서 설탕을 녹인다

휘핑크림을 액체와 섞이지 않도록 조심스럽게 올린다.

▶ 1944 ▶

MAI TAI
마 이 타 이

역사

폴리네시아의 섬들을 연상키는 이름이지만, 캘리포니아에서 만든 칵테일이다. 「트레이더 빅(Trader Vic)」으로 불리는 오클랜드의 레스토랑 운영자 빅터 베르제론(Victor Bergeron)은 섬에서 생산되는 모든 럼으로 칵테일을 시험하고 싶어 했다. 어느 날 저녁 그는 몇 명의 타히티 친구에게 칵테일을 대접했는데, 칵테일을 맛본 뒤 한 사람이 「마이타이 로아 애(Maita'i roa ae, 놀라울 정도로 맛있다)」라고 외쳤고, 이 말이 그대로 칵테일의 이름이 되었다.

글라스	방법	얼음 형태
올드 패션드 글라스	**셰이커**	**큐브**

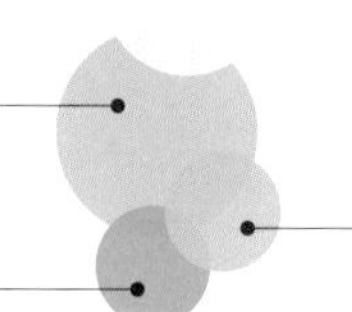

- 자메이카 골드 럼 25㎖
- 아그리콜 골드 럼 25㎖
- 트리플 섹 10㎖
- 아몬드 시럽 15㎖
- 라임주스 25㎖
- 라임 슬라이스 1/2조각
- 민트잎 조금

맛에 따른 분류

리프레싱

마시기 좋은 시간

언제나

1

셰이커에 라임 슬라이스와 민트잎을 제외한 나머지 재료를 넣는다.

2

셰이커에 얼음을 넣고 표면에 성에가 낄 때까지 셰이킹한다.

3

얼음을 채운 잔에 스트레이너로 셰이커의 얼음을 걸러내면서 칵테일을 따른다.

4

라임 슬라이스와 민트잎을 장식한다.

▶ 1870 ▶ ▶ 영화 〈뜨거운 것이 좋아(Some Like It Hot)〉에서 마릴린 먼로의 칵테일.

MANHATTAN

맨 해 튼

역사

맨해튼의 탄생에 대해 가장 널리 알려진 이야기는 이언 마샬(Iain Marsall) 박사라는 인물이 1870년대에 뉴욕에서 처음 만들었다는 것이다. 다른 한편에서는 「맨해튼 클럽(Manhattan Club)」에서 이 칵테일이 탄생했다고도 한다.

글라스

마티니 글라스

방법

믹싱 글라스

얼음 형태

큐브

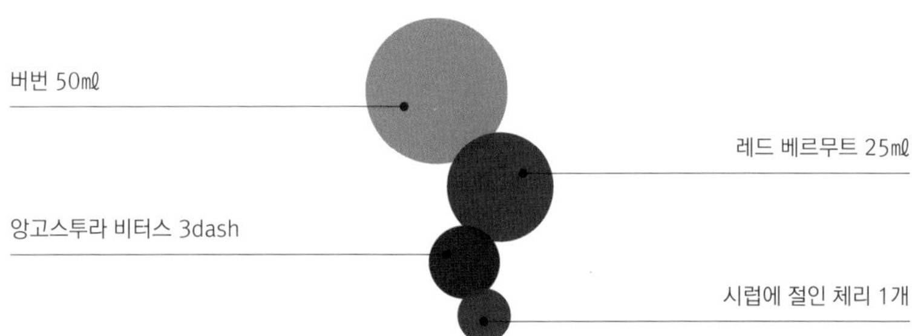

맛에 따른 분류

드라이

마시기 좋은 시간

식전

1. 잔에 얼음을 채워서 차갑게 만든다.
2. 믹싱 글라스에 얼음을 채우고, 시럽에 절인 체리를 제외한 나머지 재료를 붓는다.
3. 바 스푼으로 젓는다.
4. 얼음을 채워둔 잔을 비운다.
5. 스트레이너로 얼음을 걸러내면서 칵테일을 따른다.
6. 시럽에 절인 체리를 장식한다.

▶ 1941 ▶ 

MARGARITA

마 르 가 리 타

역사

마르가리타는 원래 『카페 로얄 칵테일북(Cafe Royal Cocktail Book)』이라는 책 속에 「피카도르(picador)」라는 이름으로 등장했다. 가장 일반적인 형태의 마르가리타는 1941년 10월 멕시코 엔세나다(Ensenada)에 위치한 「후송스(Hussong's)」라는 바에서 카를로스 오로즈코(Carlos Orozco)에 의해 탄생했다. 어느 날 오후, 독일 대사의 딸인 마르가리타 헨켈(Margarita Henkel)이 바를 방문하자 카를로스는 그녀에게 새로운 레시피의 시음을 제안했고, 이 칵테일을 처음 맛본 그녀의 이름을 따서 「마르가리타」라고 이름을 붙였다.

글라스

마티니 또는 마르가리타 글라스

방법

셰이커

얼음 형태

큐브

테킬라 40㎖

트리플 섹 20㎖

라임주스 20㎖

라임 슬라이스 1조각

플뢰르 드 셀

맛에 따른 분류

리프레싱

마시기 좋은 시간

언제나

1. 잔 테두리의 1/2에 플뢰르 드 셀을 묻혀둔다.
2. 잔에 얼음을 채워서 차갑게 만든다.
3. 셰이커에 라임 슬라이스를 제외한 나머지 재료를 붓는다.
4. 셰이커에 얼음을 넣고 표면에 성에가 낄 때까지 셰이킹한다.
5. 얼음을 채운 잔을 비우고, 스트레이너로 얼음을 걸러내면서 칵테일을 따른다.
6. 라임 슬라이스를 장식한다.

▶ 1803 ▶ 

MINT JULEP

민 트 줄 렙

역사

민트 줄렙의 기원은 남북전쟁 이후로 거슬러 올라간다. 4년에 걸친 미대륙 여행을 마치고 영국으로 돌아온 존 데이비스(John Davis)는 민트 줄렙에 대해 「미국 현지인들이 아침부터 일상적으로 마시는 상쾌한 음료」라는 기록을 남겼다.

글라스	방법	얼음 형태
양철 컵	**잔**	**크러시드 아이스**

버번 50㎖

심플 시럽 10㎖

민트 1줄기 + 장식용 민트 묶음

맛에 따른 분류

리프레싱

마시기 좋은 시간

언제나

1. 민트잎을 따서 손으로 잘게 찢은 뒤 잔에 넣는다.
2. 버번과 시럽을 붓는다.
3. 잔에 얼음을 채운다.
4. 바 스푼으로 젓는다
5. 작은 민트 묶음으로 장식한다.

▶ 1929 ▶

MOJITO
모 히 토

영화 〈럼 다이어리(Rhum Express)〉에서 조니 뎁의 칵테일.

역사

원래 식전주로 바로 마시기 위해 만들었던 모히토는, 쿠바 문화의 상징으로 떠오르며 「쿠바의 국민 칵테일」이 되었다. 시간이 지나면서 모히토를 마시는 방식은 다양하게 발전했으며, 오늘날에는 프랑스에서 가장 많이 팔리는 칵테일이자 세계적으로 가장 인기 있는 칵테일 중 하나로 자리매김하였다.

글라스	방법	얼음 형태
하이볼 글라스	**잔**	**큐브**

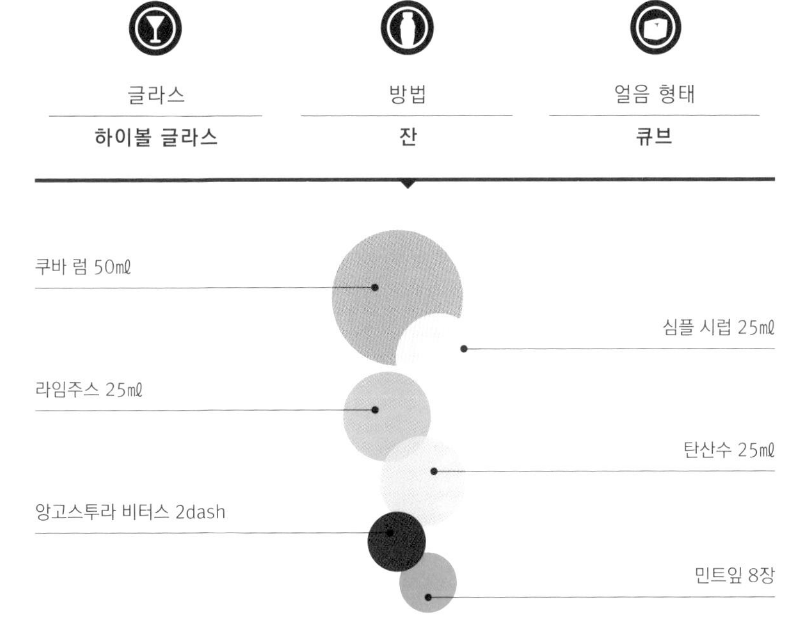

1. 민트잎을 살짝 찧어서 잔에 담는다.
2. 잔에 얼음을 채우고 럼, 시럽, 라임주스, 탄산수, 앙고스투라를 붓는다.
3. 바 스푼으로 원을 그리듯이 젓고, 위아래로도 젓는다.

맛에 따른 분류

리프레싱

마시기 좋은 시간

언제나

▶ 1941 ▶ 

MOSCOW MULE

모 스 코 뮬

역사

보드카 역사상 처음으로 「마케팅」을 위해 만든 칵테일이다. 1939년 존 G. 마르틴(John G. Martin)은 보드카 브랜드 「스미노프(Smirnoff)」를 인수하고 회사를 홍보하기 위해 새로운 칵테일을 만들기로 한다. 그는 할리우드에 있는 「콕 앤 불(Cock'n Bull)」 레스토랑의 소유주이자, 자신의 진저비어 브랜드를 뉴욕에 도입할 방법을 찾고 있던 잭 모건(Jack Morgan)에게 도움을 청했고, 모스코 뮬은 그렇게 탄생했다.

글라스	방법	얼음 형태
구리컵	**잔**	**큐브**

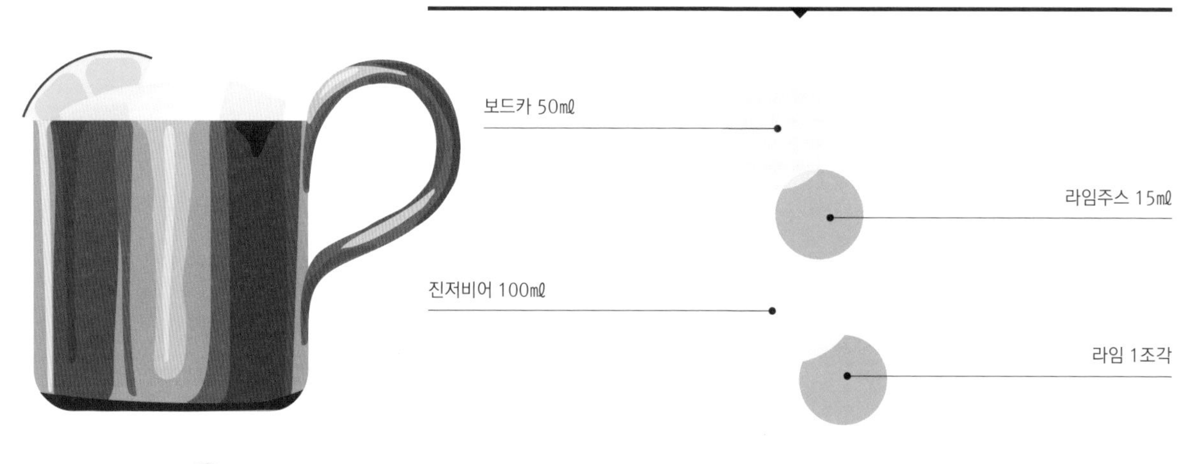

맛에 따른 분류

리프레싱

마시기 좋은 시간

언제나

1. 잔에 얼음을 채운다.
2. 잔에 라임을 제외한 나머지 재료를 붓는다.
3. 바 스푼으로 젓는다.
4. 라임 조각을 장식한다.

1919

NEGRONI

네 그 로 니

역사

카페 「카소니(Casoni)」는 피렌체의 귀족들이 사랑하는 만남의 장소였다. 이곳의 단골이었던 카밀로 네그로니(Camillo Negroni) 백작은 아메리카노 칵테일을 즐겨 마셨다. 어느 날, 변화를 주고 싶었던 그는 바텐더인 포스코 스카렐리(Fosco Scarelli)에게 같은 재료로 더 강한 식전주를 만들되, 탄산수를 빼고 진을 넣어줄 것을 부탁했다. 이렇게 탄생한 「진을 넣은 아메리카노」는 곧 「네그로니」라는 이름을 얻게 되었다.

글라스	방법	얼음 형태
올드 패션드 글라스	**잔**	**큐브**

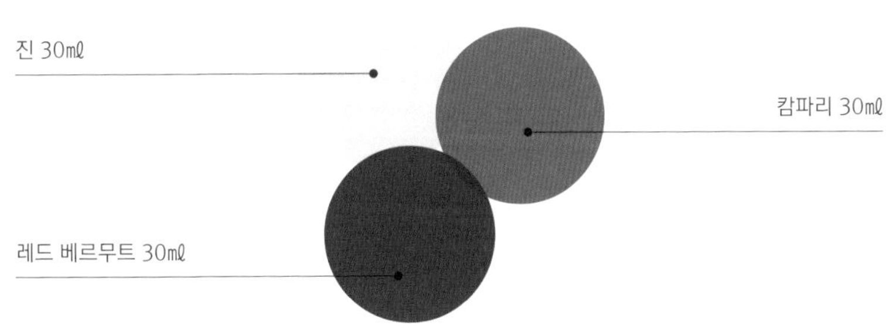

맛에 따른 분류

드라이

마시기 좋은 시간

식전

1. 잔에 얼음을 채운다.
2. 잔에 모든 재료를 붓는다.
3. 바 스푼으로 젓는다.
4. 기호에 따라 오렌지 조각을 넣는다.

▶ 1888 ▶  ▶ 드라마 〈매드맨(Mad Man)〉에서 돈 드레이퍼의 칵테일(드라마에서는 버번을 라이 위스키로 대체 함).

OLD FASHIONED

올 드 패 션 드

역사

18세기에 비터스는 위통을 완화시키는 용도로 쓰였는데, 삼키기 어려운 쓴맛 때문에 증류주와 설탕, 물 등을 섞어서 마셨다. 이후 여러 가지 영향으로 많은 변화를 겪는데, 일부에서는 옛날식(올드 패션드) 오리지널 레시피만을 인정한다.

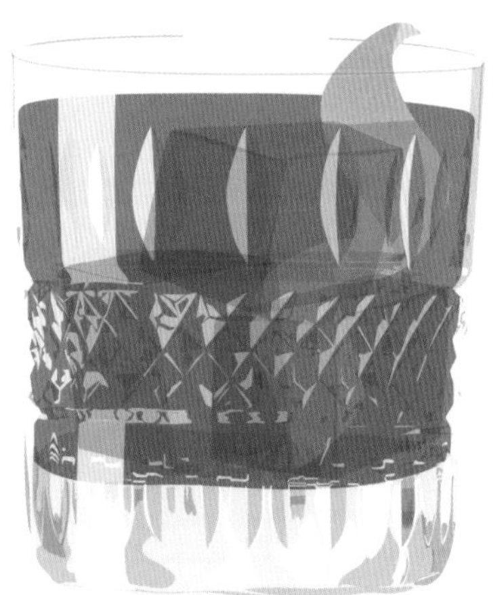

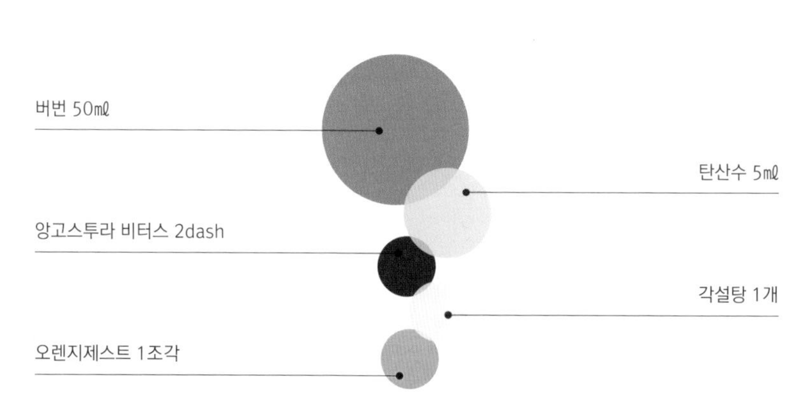

맛에 따른 분류

드라이

마시기 좋은 시간

언제나

1. 각설탕 위에 앙고스투라 비터스를 뿌린 뒤 잔에 담는다
2. 탄산수를 부은 다음 머들러로 설탕이 완전히 녹을 때까지 찧는다.
3. 얼음 몇 개와 버번 25㎖를 넣고 바 스푼으로 10초 동안 젓는다.
4. 얼음을 더 넣고 남은 버번 25㎖를 넣은 다음 다시 10초 동안 젓는다.
5. 오렌지제스트를 넣는다.

▶ 1954 ▶  ▶ 영화 〈대부 2(The Godfather II)〉에서 돈 콜레오네의 칵테일.

PIÑA COLADA

피 냐 콜 라 다

역사

푸에르토리코에서 유래된 전설의 칵테일 피냐 콜라다는 「파인애플 즙」을 의미한다. 이 칵테일의 시작은 19세기로 거슬러 올라가는데, 해적 로베르토 코프레시(Roberto Cofresí)가 자신이 이끄는 무리의 사기를 높이기 위해 만들었다고 한다. 그러나 이 레시피는 1825년 코프레시의 사망과 함께 사라졌다. 피냐 콜라다는 1954년에 이르러서야 바텐더인 라몬 몬치토 마레로(Ramón 'Monchito' Marrero)에 의해 부활하는데, 그는 자신이 피냐 콜라다의 창시자라고 주장했다. 피냐 콜라다 한 잔의 열량은 치즈버거 1개와 같다(450!).

글라스	방법	얼음 형태
허리케인 글라스	**셰이커**	**큐브**

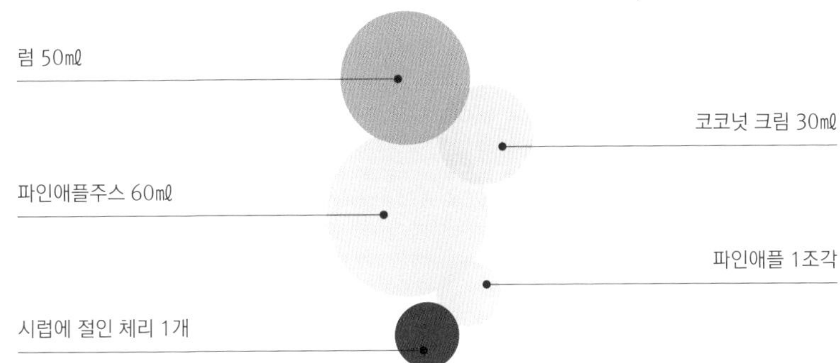

맛에 따른 분류

프루트

마시기 좋은 시간

언제나

1

셰이커에 파인애플과 체리를 제외한 나머지 재료를 얼음 6~10개와 함께 넣는다. 이때 코코넛 밀크가 아니라 반드시 코코넛 크림을 사용해야 한다.

2

표면에 성에가 낄 때까지 셰이킹한다.

3

잔에 얼음을 채운다.

4

스트레이너로 셰이커의 얼음을 걸러내면서 칵테일을 따른다.

5

파인애플 조각과 시럽에 절인 체리를 장식한다.

▶ 1872 ▶ 

PISCO SOUR

피 스 코 사 워

역사

1872년 선샤인호의 영국인 선원 엘리엇 스텁(Elliot Stubb)은 이키케 항구(당시에는 칠레가 아닌 페루에 속해 있었다)에 도착한다. 이후 그곳에 바를 열게 된 그는 현지에서 자라는 작은 라임의 일종인 리몬 데 피카(Limón De Pica)로 만드는 칵테일을 연구한다. 마침내 그는 라임즙에 피스코를 섞고 설탕을 알맞게 넣은 피스코 사워를 만들어내는데, 이 칵테일이 바의 명물이 되었다.

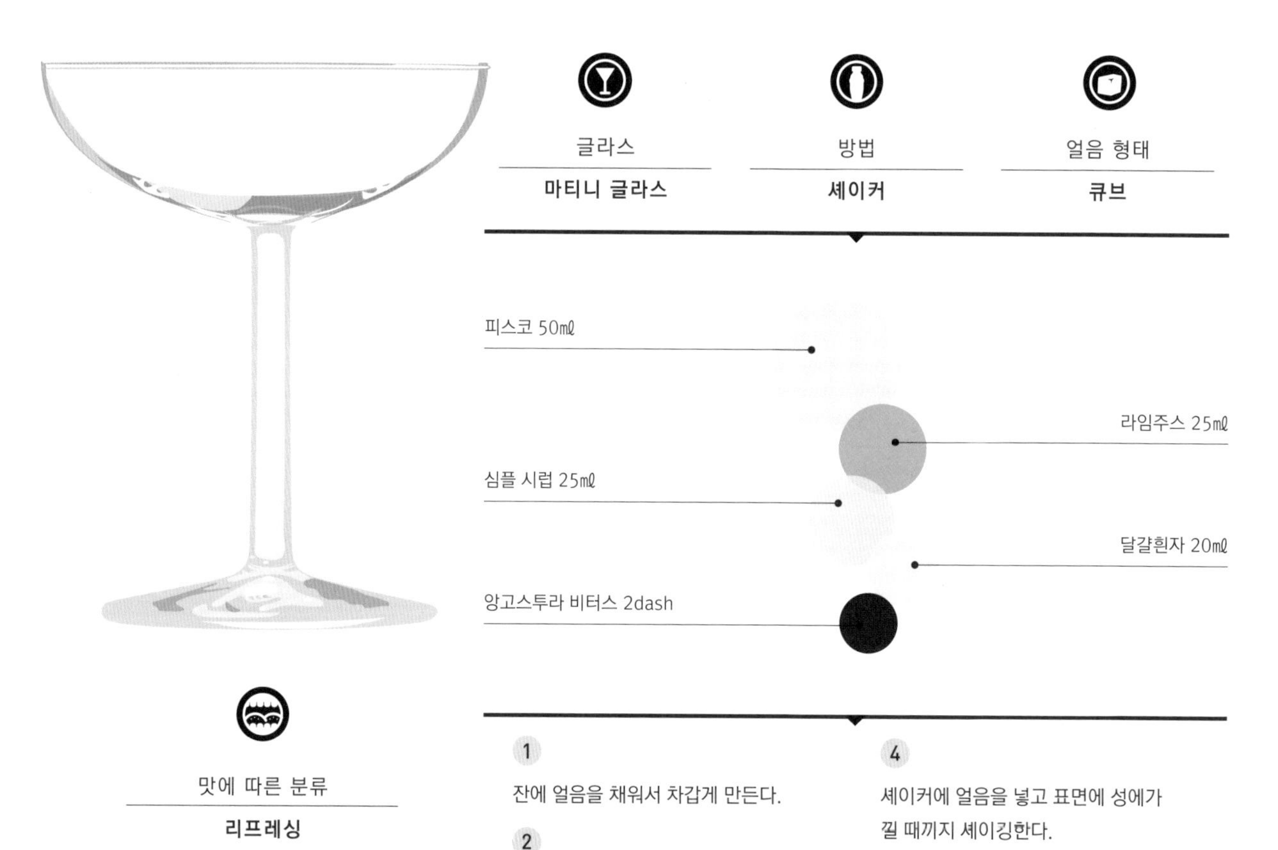

마시기 좋은 시간

언제나

1. 잔에 얼음을 채워서 차갑게 만든다.
2. 셰이커에 앙고스투라 비터스를 제외한 나머지 재료를 붓는다.
3. 10초 동안 셰이킹한다.
4. 셰이커에 얼음을 넣고 표면에 성에가 낄 때까지 셰이킹한다.
5. 얼음을 채워둔 잔을 비우고, 스트레이너로 얼음을 걸러내면서 칵테일을 따른다.
6. 앙고스투라 비터스를 넣는다.

▶ 1853 ▶ 

SAZERAC
사 제 락

COCKTAILS CELEBRITY

역사

만약 사제락이 세상에서 가장 오래된 칵테일이라고 알고 있었다면, 미안하지만 그것은 사제락을 둘러싼 수많은 전설 중 하나일 뿐이다. 그중 어느 전설에 의하면 사제락은 뉴올리언스의 약제사 앙투안 아메데 페이쇼(Antoine Amédée Peychaud, 같은 이름을 가진 비터스의 창시자이기도 하다)에 의해 탄생했다. 그는 칵테일을 만들며 바텐더 역할도 했는데, 그의 음료가 뉴올리언스의 인기 바인 「사제락 커피(Sazerac Coffee)」의 주인 마음에 들게 되어 그곳에서 칵테일 이름을 따오게 되었다고 한다.

글라스

올드 패션드 글라스

방법

믹싱 글라스

얼음 형태

큐브

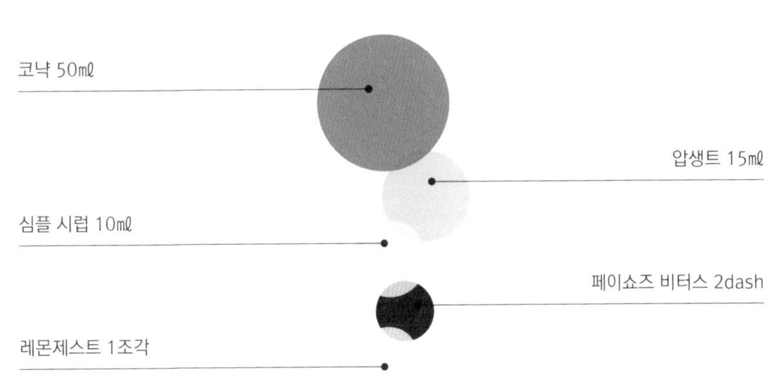

맛에 따른 분류

드라이

마시기 좋은 시간

언제나

1. 잔에 압생트와 얼음 4개를 넣는다.
2. 믹싱 글라스에 얼음을 채우고, 비터스와 레몬제스트를 제외한 나머지 재료를 붓는다.
3. 바 스푼으로 젓는다.
4. 얼음과 압생트를 채워둔 잔을 비운다.
5. 스트레이너로 얼음을 걸러내면서 믹싱 글라스의 내용물을 잔에 따른다.
6. 비터스를 넣고 레몬제스트를 장식한다.

1922

SIDE-CAR

사 이 드 카

역사

전해오는 이야기에 따르면 사이드 카는 「해리스 뉴욕 바」의 해리 맥켈혼(Harry MacElhone)의 작품이라고 한다. 그는 화이트 레이디에서 진을 코냑으로 대체하여 일종의 파생 칵테일을 만들었는데, 이것이 사이드 카의 탄생이라는 것이다. 이름은 세계 1차 대전 당시 사이드 카를 타고 이동하곤 했던 그의 선배 장교를 기리는 의미에서 붙인 것이라고 한다. 그러나 실제로는 남프랑스 지역의 한 호텔에서 만들어져 런던까지 진출하게 되었다는 이야기가 좀 더 신빙성이 있어 보인다.

글라스	방법	얼음 형태
마티니 글라스	**셰이커**	**큐브**

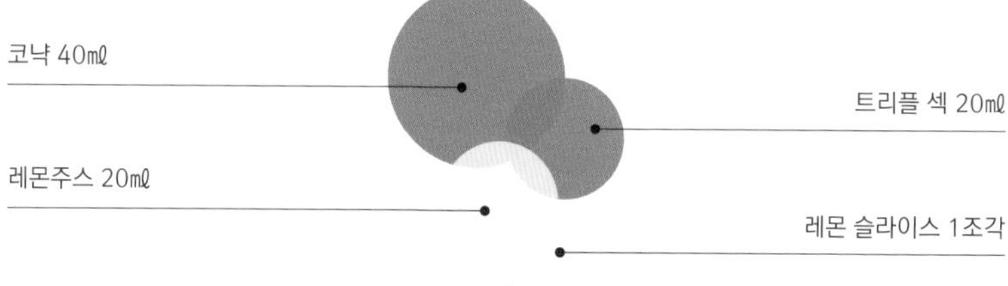

맛에 따른 분류

리프레싱

마시기 좋은 시간

언제나

1. 잔 테두리의 1/2에 설탕을 묻힌다.
2. 잔에 얼음을 채워서 차갑게 만든다.
3. 셰이커에 코냑, 트리플 섹, 레몬주스를 부은 다음 얼음을 넣는다.
4. 표면에 성에가 낄 때까지 셰이킹한다.
5. 얼음을 채워둔 잔을 비우고, 스트레이너로 셰이커의 얼음을 걸러내면서 따른다.
6. 레몬 슬라이스를 장식한다.

▶ 1876 ▶ ▶ 영화 〈미트 페어런츠(Meet The Parents)〉에서 로버트 드 니로의 칵테일.

TOM COLLINS

톰 콜린스

역사

이 칵테일은 짓궂은 장난에서 시작되었다. 「톰 콜린스를 보았니? 그가 너를 매우 나쁘게 말하고 다닌다던데.」 이 장난은 사방으로 퍼져 나갔고 심지어 신문에 실리기까지 했다. 1876년, 이 이야기에서 영감을 받은 제리 토마스는 자신의 저서 『바텐더 가이드』에 톰 콜린스의 최초 레시피를 수록하였다.

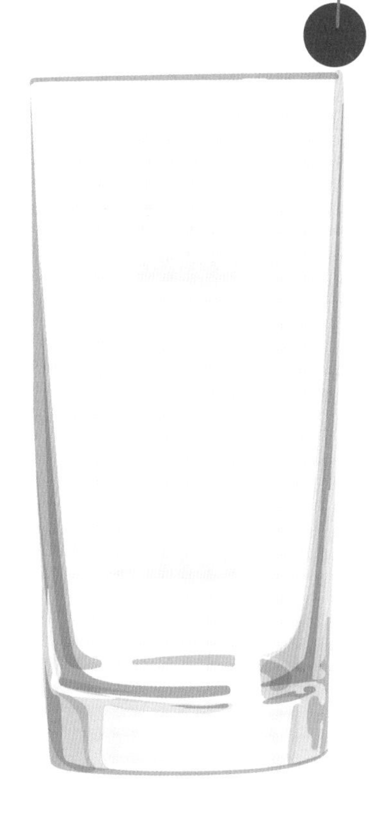

글라스	방법	얼음 형태
하이볼 글라스	**잔**	**큐브**

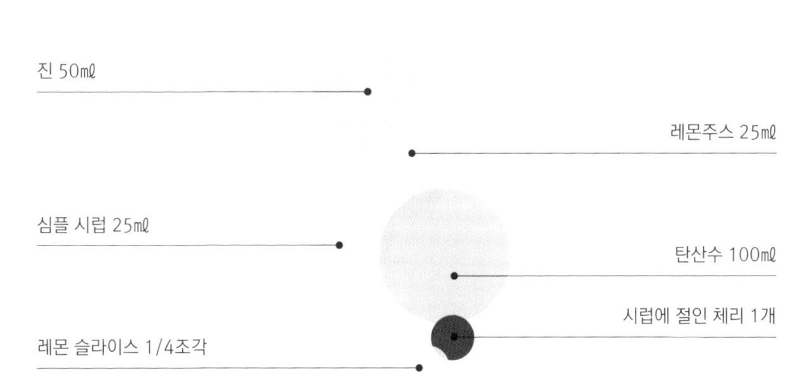

1. 잔에 얼음을 채운다.
2. 진, 레몬주스, 시럽을 붓는다.
3. 바 스푼으로 젓는다.
4. 잔에 탄산수를 채운다.
5. 다시 한 번 저어준 다음 레몬 슬라이스와 체리를 장식한다.

맛에 따른 분류

리프레싱

마시기 좋은 시간

언제나

▶ 1952 ▶ ▶ 영화 〈007 카지노 로얄(Casino Royale)〉에서 제임스 본드의 칵테일.

VESPER
베스퍼

역사

007 시리즈의 원작자 이안 플레밍(Ian Fleming)은 열렬한 칵테일 애호가이기도 했다. 「베스파(Vespa)」 또는 「베스퍼 마티니 드라이(Vesper Martini Dry)」라는 이름으로도 알려진 이 레시피는 질베르토 프레티(Gilberto Preti)가 1952년 런던에서 소설 『카지노 로얄』을 위해 개발하고 이름 붙인 것이다. 제임스 본드는 본드걸 베스퍼 린드에게 경의를 표하며 이 칵테일을 주문한다. 「한 번 마시면 다른 것은 전혀 원하지 않게 되기」 때문에.

글라스	방법	얼음 형태
마티니 글라스	**셰이커**	**큐브**

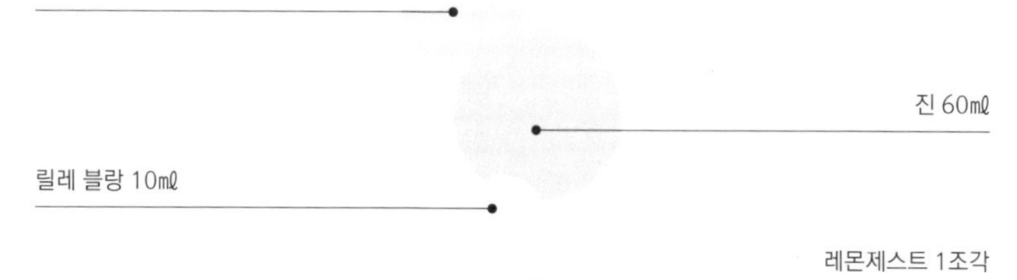

보드카 20㎖

진 60㎖

릴레 블랑 10㎖

레몬제스트 1조각

1. 잔에 얼음을 채워서 차갑게 만든다.
2. 셰이커에 레몬제스트를 제외한 나머지 재료를 붓는다.
3. 셰이커에 얼음을 넣고 표면에 성에가 낄 때까지 셰이킹한다.
4. 얼음을 채워둔 잔을 비운다.
5. 스트레이너로 얼음을 걸러내면서 칵테일을 따른다.
6. 레몬제스트를 장식한다.

맛에 따른 분류

드라이

마시기 좋은 시간

저녁

▶ 1935 ▶

VIEUX CARRÉ

뷰 카레

역사

뷰 카레의 레시피는 1935년 월터 베르제론(Walter Bergeron)이 뉴올리언스 몬테레오네 호텔의 카루젤 바(바가 회전목마처럼 원반 위에 꾸며져 있다)에서 만들었다. 이 칵테일의 이름은 뉴올리언스의 프랑스인 거리에서 땄기 때문에 영어로도 불어 발음 그대로 부른다.

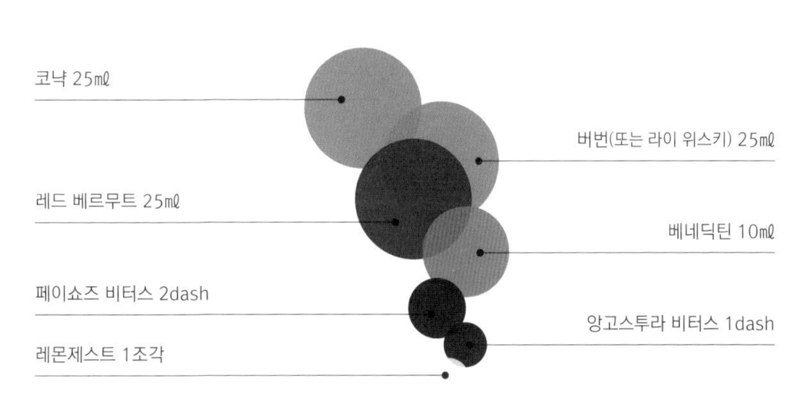

맛에 따른 분류

드라이

마시기 좋은 시간

저녁식사 후

1. 믹싱 글라스에 얼음을 채운 다음, 레몬제스트를 제외한 나머지 재료를 붓는다.
2. 바 스푼으로 젓는다.
3. 잔에 얼음을 채운 다음, 스트레이너로 믹싱 글라스의 얼음을 걸러내면서 칵테일을 따른다.
4. 레몬제스트를 장식한다.

▶ 1870 ▶ 

WHISKY SOUR

위 스 키 사 워

역사

다른 많은 칵테일들과는 달리, 위스키 사워에는 전해지는 이야기가 없다. 위스키 사워에 대한 최초의 기록은 1870년 위스콘신의 신문으로 거슬러 올라간다. 1962년 아르헨티나의 쿠요 국립대가 출간한 기록물에는 엘리엇 스텁(Elliot Stubb)이 1872년에 위스키 사워를 처음 만들었다고 되어 있다.

글라스	방법	얼음 형태
올드 패션드 글라스	**셰이커**	**큐브**

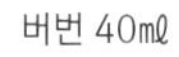

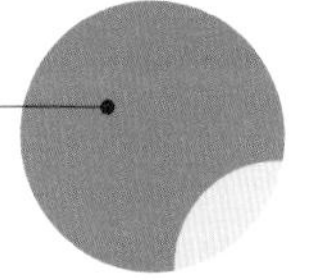

맛에 따른 분류

리프레싱

마시기 좋은 시간

언제나

1. 잔에 얼음을 채워서 차갑게 만든다.
2. 셰이커에 모든 재료를 넣고 10초 동안 셰이킹한다. 얼음을 넣고 표면에 성에가 낄 때까지 다시 한 번 셰이킹한다.
3. 얼음을 채워둔 잔을 비운다.
4. 잔에 얼음을 채운 다음, 스트레이너로 셰이커의 얼음을 걸러내면서 따른다.

▶ 1923 ▶

WHITE LADY

화 이 트   레 이 디

역사

1921년 해리 맥켈혼은 파리의 뉴욕 바에 바텐더로 입사한다. 1923년 그는 바를 인수하여 이름을 「해리스 뉴욕 바」로 바꾸고, 자신의 창작 칵테일을 좀 더 발전시키기 위해 화이트 레이디의 레시피에 변화를 줬다. 그는 크렘 드 망트를 진으로 바꾸고 비율을 진 1/3, 쿠앵트로 1/3, 레몬주스 1/3로 조절하는데, 그 결과 자신이 생각하는 완벽한 품질과 조화를 갖춘 화이트 레이디를 얻게 된다.

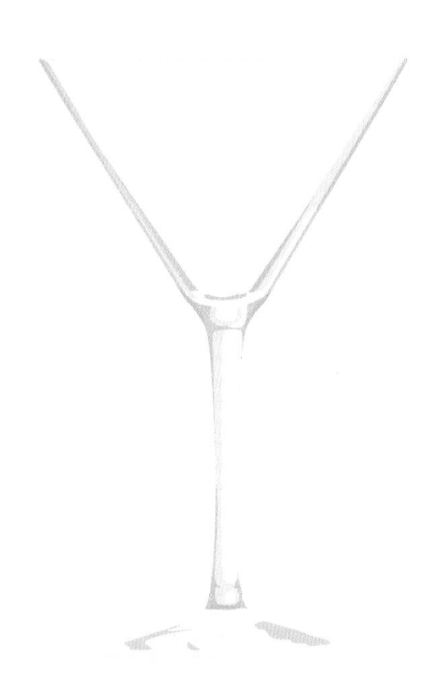

글라스	방법	얼음 형태
마티니 글라스	**셰이커**	**큐브**

진 40㎖

레몬주스 25㎖

달걀흰자 20㎖

트리플 섹 15㎖

심플 시럽 10㎖

맛에 따른 분류

리프레싱

마시기 좋은 시간

언제나

1

잔에 얼음을 채워서 차갑게 만든다.

2

셰이커에 모든 재료를 넣고 10초 동안 셰이킹한다. 얼음을 넣고 표면에 성에가 낄 때까지 다시 한 번 셰이킹한다.

3

얼음을 채워둔 잔을 비운다.

4

스트레이너로 얼음을 걸러내면서 칵테일을 따른다.

▶ 1934 ▶

ZOMBIE

좀 비

역사

전해지는 이야기에 의하면 이 칵테일은 원래 돈 더 비치콤버(Don the Beachcomber)가 할리우드에서 비즈니스 모임에 나가야 하는데 숙취 때문에 힘들어하는 손님을 위해 만든 것으로, 며칠 후 손님이 돌아와 그 칵테일을 마시고 좀비가 되어버렸다며 그에게 불평을 늘어놓았다고 한다. 좀비 칵테일은 향이 강해서 알코올 도수가 높다는 것을 잊기 쉬우므로, 비치콤버의 바에서는 한 사람당 2잔으로 양을 제한하고 있다.

글라스

티키 머그

방법

셰이커

얼음 형태

큐브

- 푸에르토코 화이트 럼 30mℓ
- 쿠바 올드 럼 30mℓ
- 마라스키노 20mℓ
- 자몽주스 10mℓ
- 케인 슈거 시럽 5mℓ
- 민트 1줄기
- 자메이카 브라운 럼 30mℓ
- 오버 프루프 럼 30mℓ
- 라임주스 20mℓ
- 그레나딘 시럽 5mℓ
- 압생트 4방울
- 앙고스투라 비터스 3dash

1. 셰이커에 민트 줄기를 제외한 모든 재료를 넣는다.
2. 셰이커에 얼음을 넣고 표면에 성에가 낄 때까지 셰이킹한다.
3. 잔에 얼음을 채운다.
4. 스트레이너로 얼음을 걸러내면서 칵테일을 따른다.
5. 민트 줄기를 장식한다.

맛에 따른 분류

리프레싱(그러나 매우 세다!)

마시기 좋은 시간

저녁식사 후

MATHIEU LE FEUVRIER

마티유 르 퓌브리에

18세에 일을 시작한 마티유 르 퓌브리에는 정통 프랑스식 호텔 운영을 공부했으며, 디나르의 호텔 학교에 입학하여 처음으로 바를 접하게 된다. 이후 바뇰 드 로른느(Bagnoles-de-l'Orne)에 위치한 미쉐린 1스타 레스토랑 겸 호텔인 「마누아르 뒤 리스(Manoir du Lys)」와 도빌의 「노르망디 바리에르(Normandy Barrière)」에서 프랑스 바텐딩계의 유명 인사인 마르크 장(Marc Jean)과 함께하며 배움을 이어간다. 여행을 계속하며 경험을 쌓은 그는 프랑스로 돌아와 파리에 정착했는데, 그가 자신의 모든 경험을 모아서 탄생시킨 「43 칵테일 바」는 파리 최고의 루프탑 칵테일 바로 이름을 떨친다. 이후 퓌브리에는 「페닌슐라 파리(Peninsula Paris)」와 함께 팔라스 등급 호텔의 바라는 큰물에 뛰어든다. 그는 세계의 진, 테킬라, 신선한 허브, 후추 등을 사용하기 때문에, 그의 창작 칵테일은 여행의 의미를 담고 있을 뿐 아니라 프랑스 고유의 품위도 느낄 수 있다.

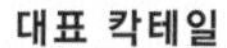

대표 칵테일

JUST ON TIME
저스트 온 타임

48시간 동안 블랙 트러플 향을 우려낸 스톨리치나야 엘릿(Stolichnaya Elit) 보드카 60㎖ • 캄폿 블랙 페퍼와 캄폿 핑크 페퍼를 그라인더에 2번 돌려 갈아낸 분량
라벤더 비터스 2dash • 체리 비터스 1dash
노일리 프랏 5㎖ • 로즈메리 1줄기

소금을 묻힌 마티니 글라스에 캐비어 1스푼과 함께 서빙한다.

APEROL SPRITZ
아 페 롤 스 프 리 츠

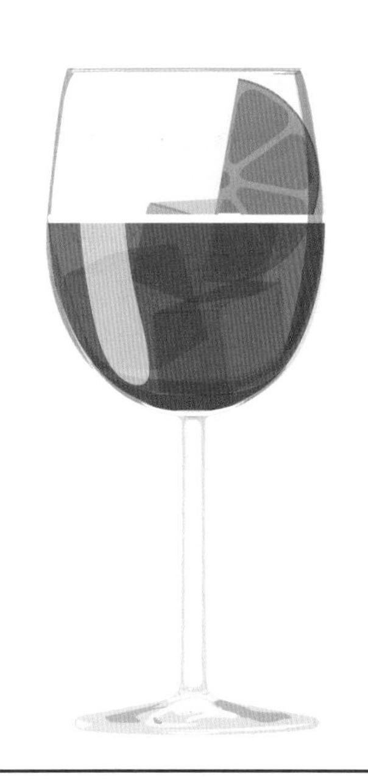

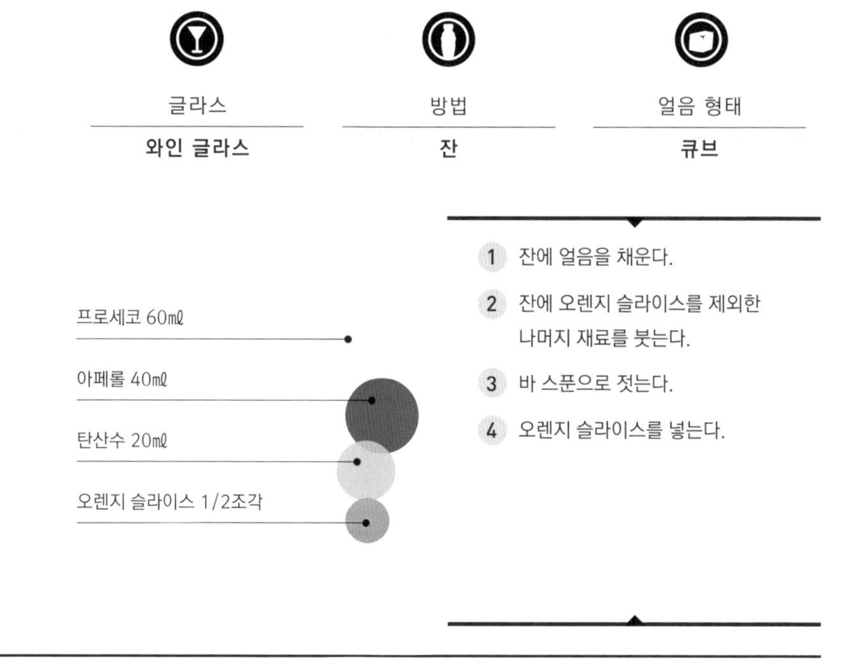

글라스	방법	얼음 형태
와인 글라스	**잔**	**큐브**

- 프로세코 60㎖
- 아페롤 40㎖
- 탄산수 20㎖
- 오렌지 슬라이스 1/2조각

1. 잔에 얼음을 채운다.
2. 잔에 오렌지 슬라이스를 제외한 나머지 재료를 붓는다.
3. 바 스푼으로 젓는다.
4. 오렌지 슬라이스를 넣는다.

BELLINI
벨 리 니

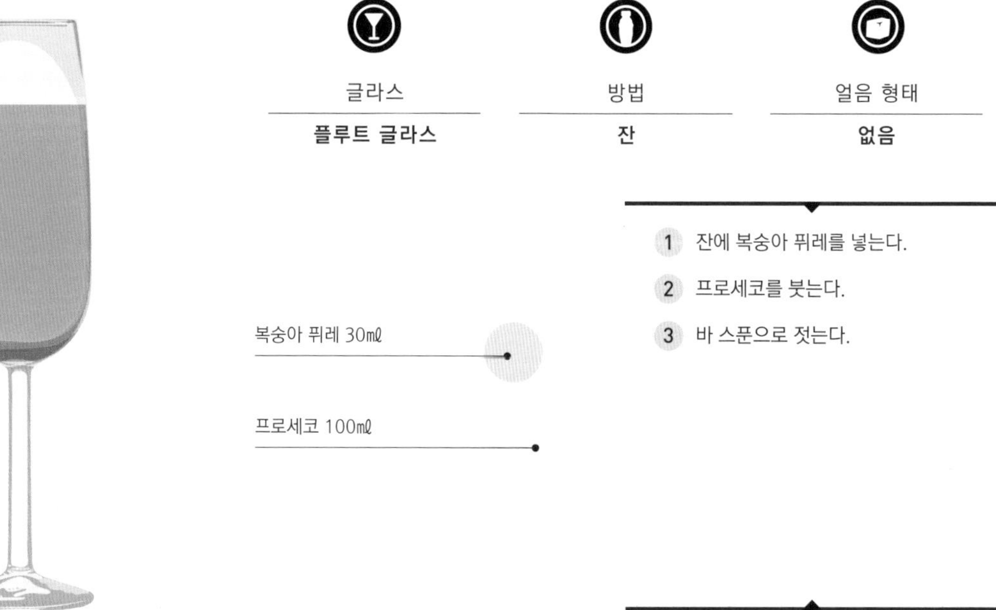

글라스	방법	얼음 형태
플루트 글라스	**잔**	**없음**

- 복숭아 퓌레 30㎖
- 프로세코 100㎖

1. 잔에 복숭아 퓌레를 넣는다.
2. 프로세코를 붓는다.
3. 바 스푼으로 젓는다.

BICICLETTA
비 시 클 레 타

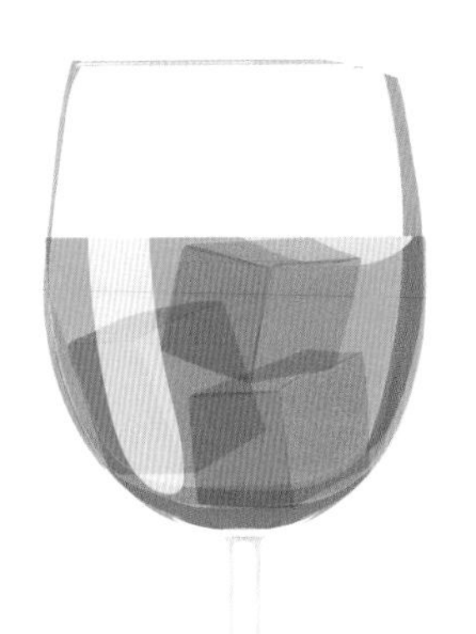

글라스	방법	얼음 형태
와인 글라스	**잔**	**큐브**

캄파리 50㎖
화이트와인 40㎖
탄산수 40㎖
레몬제스트 1조각

1. 잔에 얼음을 채운다.
2. 잔에 레몬제스트를 제외한 나머지 재료를 붓는다.
3. 바 스푼으로 젓는다.
4. 레몬제스트를 장식한다.

CUBA LIBRE
쿠 바 리 브 레

글라스	방법	얼음 형태
하이볼 글라스	**잔**	**큐브**

쿠바 럼 50㎖
콜라 100㎖
라임 슬라이스 적당량

1. 잔에 얼음을 채운다.
2. 잔에 라임을 제외한 나머지 재료를 붓는다.
3. 바 스푼으로 젓는다.
4. 라임 슬라이스를 넣는다.

GREYHOUND
그 레 이 하 운 드

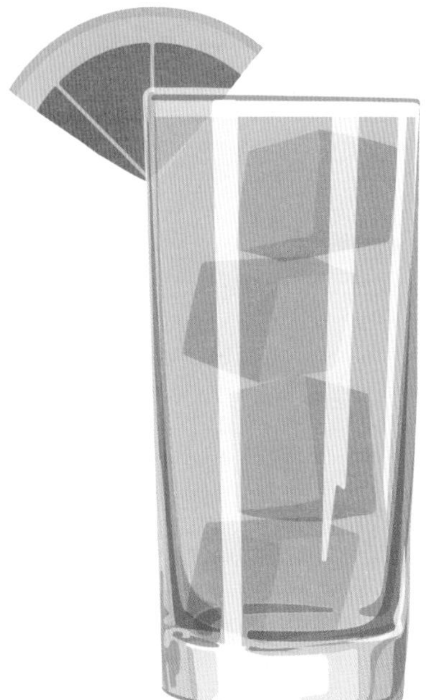

글라스	방법	얼음 형태
하이볼 글라스	**잔**	**큐브**

진 50㎖

자몽주스 100㎖

자몽 슬라이스 1/4조각

1. 잔에 얼음을 채운다.
2. 잔에 자몽 슬라이스를 제외한 나머지 재료를 붓는다.
3. 바 스푼으로 젓는다.
4. 자몽 슬라이스를 장식한다.

HORSE'S NECK
홀 스 넥

글라스	방법	얼음 형태
하이볼 글라스	**잔**	**큐브**

코냑 50㎖

진저에일 100㎖

레몬제스트 1조각

1. 잔에 얼음을 채운다.
2. 잔에 레몬제스트를 제외한 나머지 재료를 붓는다.
3. 바 스푼으로 젓는다.
4. 레몬제스트를 넣는다.

KIR

키 르

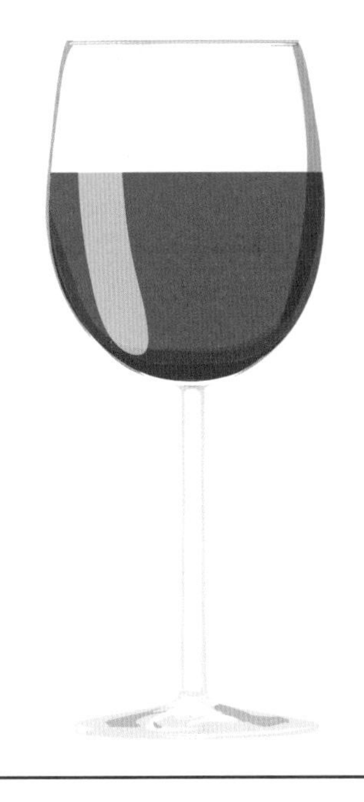

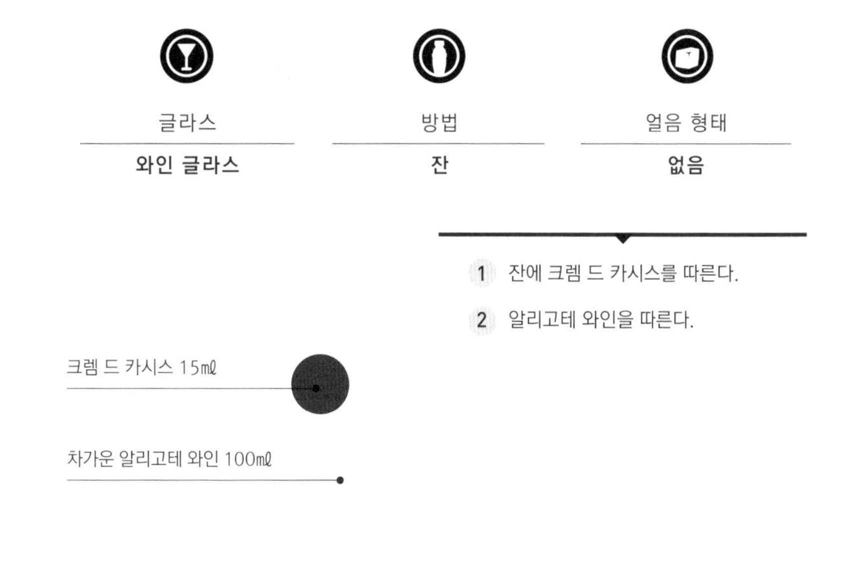

글라스	방법	얼음 형태
와인 글라스	**잔**	**없음**

1. 잔에 크렘 드 카시스를 따른다.
2. 알리고테 와인을 따른다.

크렘 드 카시스 15㎖

차가운 알리고테 와인 100㎖

MIMOSA

미 모 사

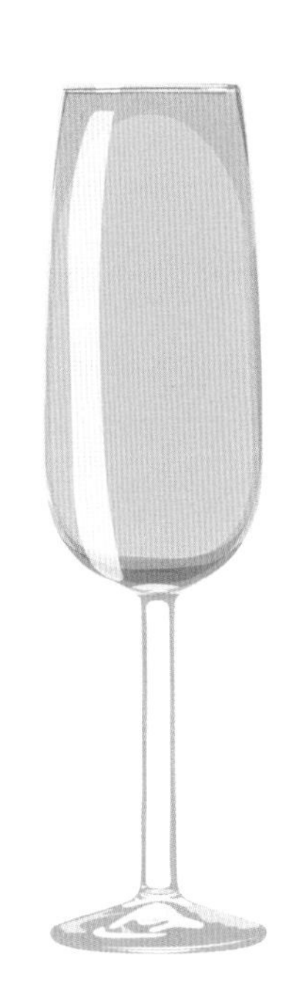

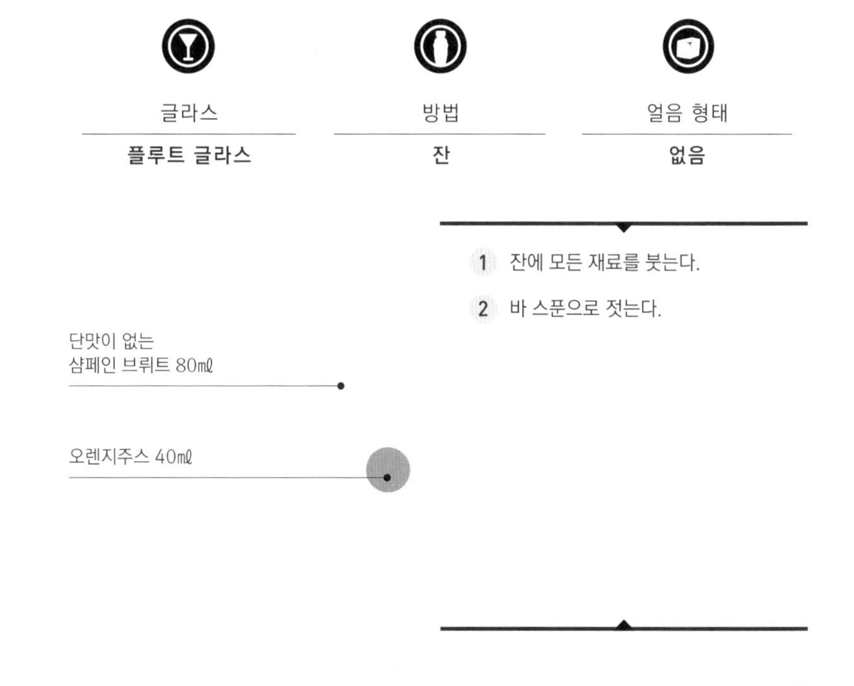

글라스	방법	얼음 형태
플루트 글라스	**잔**	**없음**

1. 잔에 모든 재료를 붓는다.
2. 바 스푼으로 젓는다.

단맛이 없는
샴페인 브뤼트 80㎖

오렌지주스 40㎖

PALOMA
팔 로 마

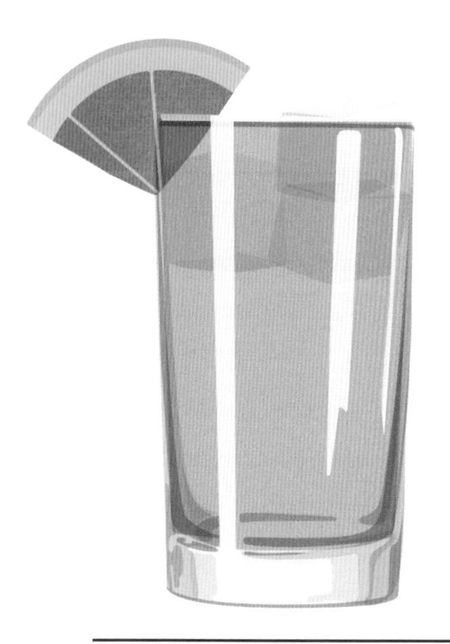

글라스
하이볼 글라스

방법
잔

얼음 형태
큐브

화이트 테킬라 50㎖
자몽 소다 100㎖
자몽 슬라이스 1/4조각
플뢰르 드 셀

1. 잔 테두리의 1/2에 플뢰르 드 셀을 묻힌다.
2. 잔에 자몽 슬라이스를 제외한 나머지 재료를 붓는다.
3. 얼음을 넣고 바 스푼으로 젓는다.
4. 자몽 슬라이스를 장식한다.

ROSSINI
로 시 니

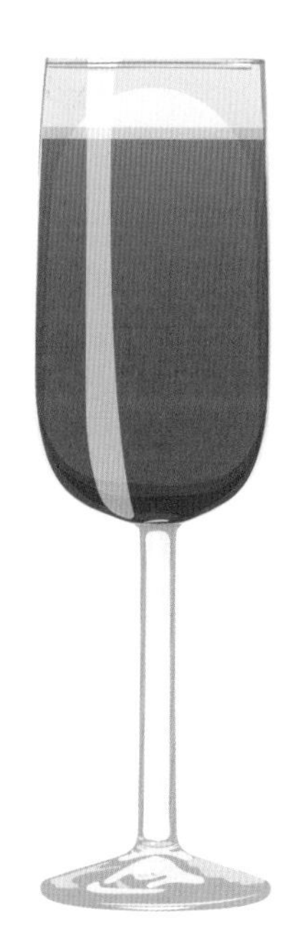

글라스
플루트 글라스

방법
잔

얼음 형태
없음

프로세코 100㎖
딸기 퓌레 30㎖

1. 잔에 딸기 퓌레를 넣는다.
2. 프로세코를 넣는다.
3. 바 스푼으로 젓는다.

STONE FENCE

스 톤 펜 스

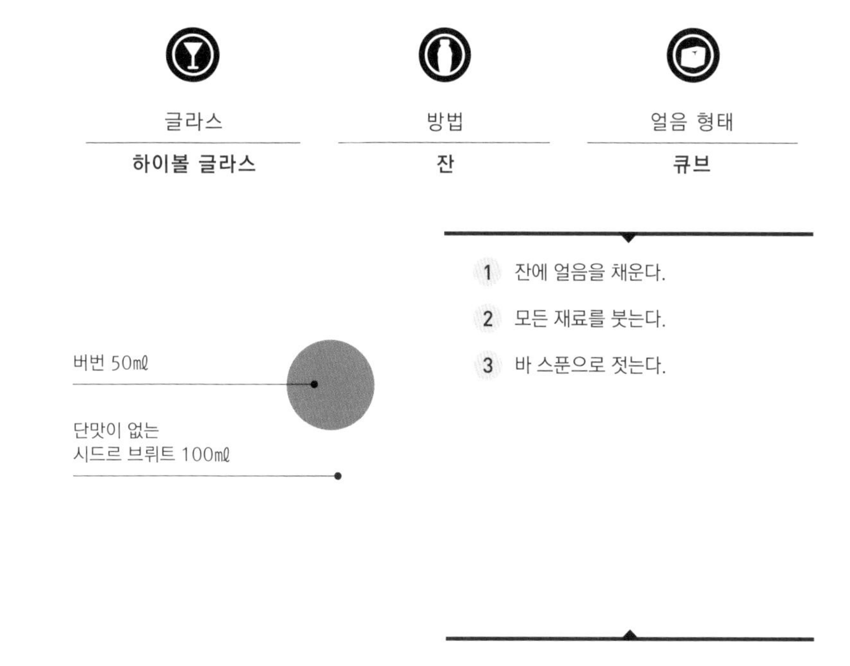

글라스	방법	얼음 형태
하이볼 글라스	**잔**	**큐브**

- 버번 50㎖
- 단맛이 없는 시드르 브뤼트 100㎖

1. 잔에 얼음을 채운다.
2. 모든 재료를 붓는다.
3. 바 스푼으로 젓는다.

WHITE NEGRONI

화 이 트 네 그 로 니

글라스	방법	얼음 형태
올드 패션드 글라스	**잔**	**큐브**

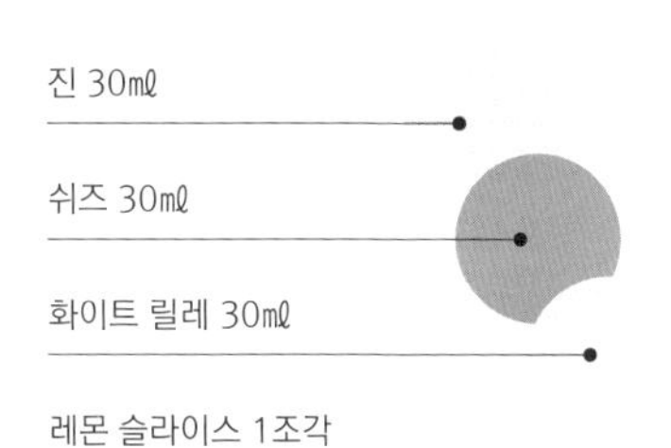

- 진 30㎖
- 쉬즈 30㎖
- 화이트 릴레 30㎖
- 레몬 슬라이스 1조각

1. 잔에 얼음을 채운다.
2. 모든 재료를 붓는다.
3. 바 스푼으로 젓는다.
4. 레몬 슬라이스 또는 레몬제스트를 넣는다.

BRAMBLE

브 램 블

1985 · 딕 브래드셀(DICK BRADSELL)

글라스	방법	얼음 형태
올드 패션드 글라스	**셰이커**	**큐브 + 크러시드 아이스**

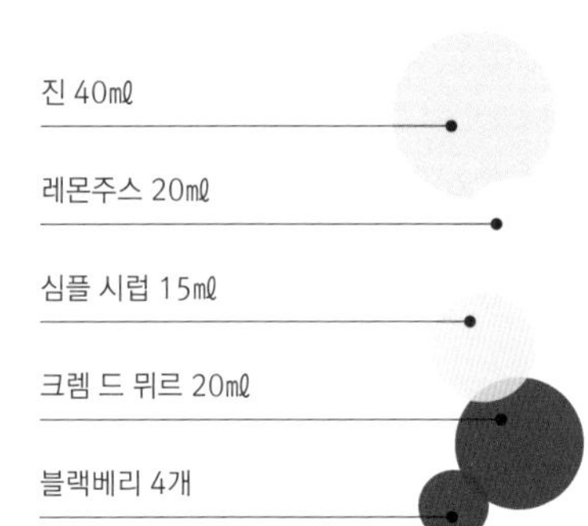

- 진 40mℓ
- 레몬주스 20mℓ
- 심플 시럽 15mℓ
- 크렘 드 뮈르 20mℓ
- 블랙베리 4개

1. 셰이커에 크렘 드 뮈르와 블랙베리를 제외한 나머지 재료를 붓는다. 얼음(큐브)을 넣고 표면에 성에가 낄 때까지 셰이킹한다.
2. 잔에 얼음(크러시드)을 채운 다음, 스트레이너로 셰이커의 얼음을 걸러내면서 따른다. 바 스푼을 이용해서 크렘 드 뮈르가 위에 뜨도록 조심스럽게 따른다.
3. 나무 꼬치에 끼운 블랙베리를 올린다.

BREAKFAST MARTINI

브 랙 퍼 스 트 마 티 니

1996 · 살바토레 칼라브레제(SALVATORE CALABRESE)

글라스	방법	얼음 형태
마티니 글라스	**셰이커**	**큐브**

- 진 50mℓ
- 트리플 섹 15mℓ
- 레몬주스 15mℓ
- 오렌지잼 바 스푼 1개 분량
- 오렌지제스트 1조각

1. 셰이커에 오렌지제스트를 제외한 나머지 재료를 넣는다.
2. 셰이커에 얼음을 넣고 표면에 성에가 낄 때까지 셰이킹한다.
3. 스트레이너로 셰이커의 내용물을 걸러내면서 따른다.
4. 오렌지제스트를 장식한다.

GIN BASIL SMASH

진 바질 스매시

2008 · 외르크 마이어(JOERG MEYER)

글라스	방법	얼음 형태
올드 패션드 글라스	**셰이커**	**큐브**

- 진 50㎖
- 심플 시럽 25㎖
- 레몬주스 25㎖
- 신선한 바질잎 적당량

1. 셰이커에 바질잎을 제외한 나머지 재료를 붓는다.
2. 셰이커에 얼음을 넣고 표면에 성에가 낄 때까지 셰이킹한다.
3. 잔에 얼음을 채운 뒤, 스트레이너로 셰이커의 얼음을 걸러내면서 칵테일을 따른다.
4. 바질잎을 장식한다.

GIN-GIN MULE

진 진 뮬

2010 · 오드리 손더스(AUDREY SAUNDERS)

글라스	방법	얼음 형태
하이볼 글라스	**셰이커**	**큐브**

- 진 50㎖
- 민트잎 6장
- 라임주스 15㎖
- 심플 시럽 15㎖
- 진저비어 60㎖
- 라임 슬라이스 1/2조각

1. 셰이커에 민트잎을 넣고 머들러로 찧는다.
2. 셰이커에 얼음을 채운 다음 진저비어를 제외한 모든 재료를 붓고 표면에 성에가 낄 때까지 셰이킹한다.
3. 잔에 얼음을 채운 뒤, 스트레이너로 셰이커의 내용물을 걸러내면서 따른다. 진저비어를 부어 완성한다.
4. 라임을 넣는다.

GREEN BEAST
그 린 비 스 트

2010 · 샤를 벡세나(CHARLES VEXENAT)

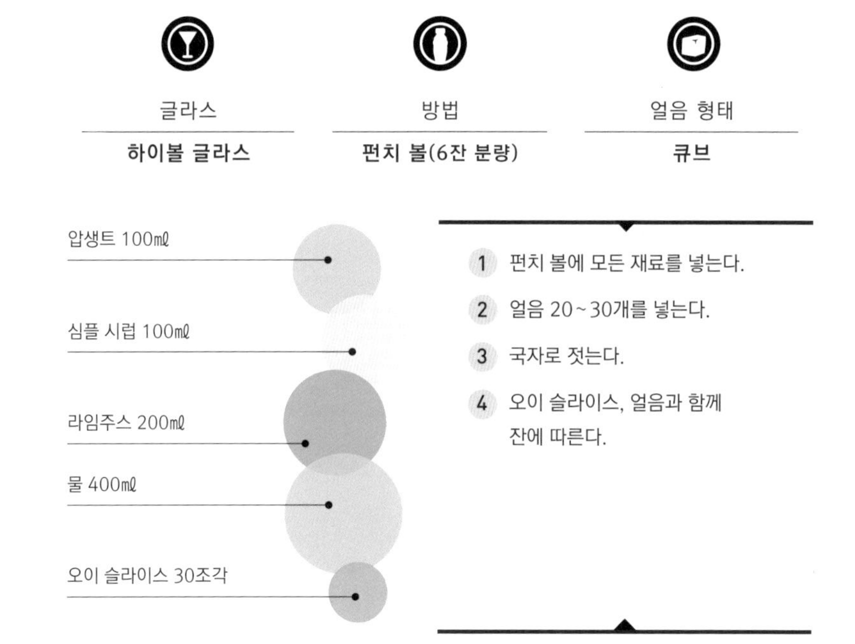

글라스	방법	얼음 형태
하이볼 글라스	**펀치 볼(6잔 분량)**	**큐브**

- 압생트 100mℓ
- 심플 시럽 100mℓ
- 라임주스 200mℓ
- 물 400mℓ
- 오이 슬라이스 30조각

1. 펀치 볼에 모든 재료를 넣는다.
2. 얼음 20~30개를 넣는다.
3. 국자로 젓는다.
4. 오이 슬라이스, 얼음과 함께 잔에 따른다.

OLD CUBAN
올 드 쿠 반

2014 · 오드리 손더스

글라스	방법	얼음 형태
와인 글라스	**셰이커**	**큐브**

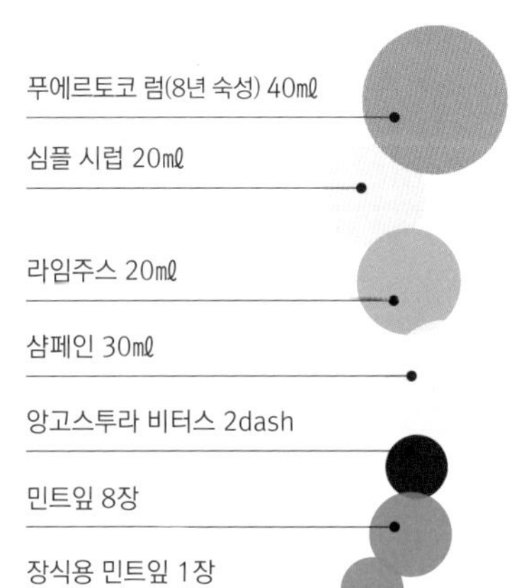

- 푸에르토코 럼(8년 숙성) 40mℓ
- 심플 시럽 20mℓ
- 라임주스 20mℓ
- 샴페인 30mℓ
- 앙고스투라 비터스 2dash
- 민트잎 8장
- 장식용 민트잎 1장

1. 셰이커에 샴페인과 장식용 민트잎을 제외한 나머지 재료를 넣는다.
2. 얼음을 넣고 셰이커 표면에 성에가 낄 때까지 셰이킹한다.
3. 스트레이너로 셰이커의 내용물을 걸러내면서 따른 다음, 샴페인을 부어 완성한다.
4. 민트잎을 장식한다.

PENICILLIN

페 니 실 린

2005 · 샘 로스(SAM ROSS)

글라스	방법	얼음 형태
올드 패션드 글라스	**셰이커**	**큐브**

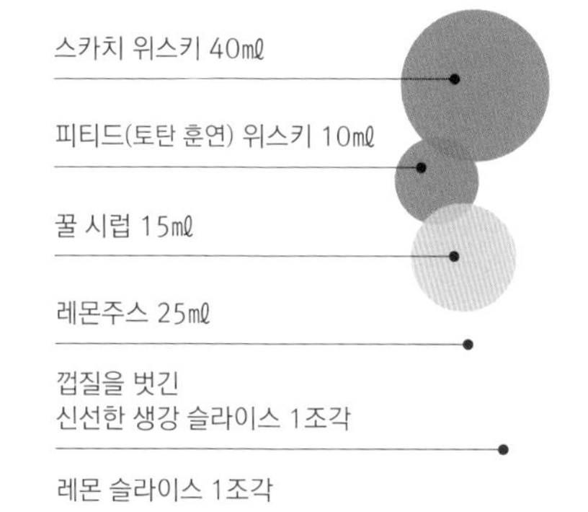

- 스카치 위스키 40㎖
- 피티드(토탄 훈연) 위스키 10㎖
- 꿀 시럽 15㎖
- 레몬주스 25㎖
- 껍질을 벗긴 신선한 생강 슬라이스 1조각
- 레몬 슬라이스 1조각

1. 셰이커에 생강을 넣고 으깬 다음 피티드 위스키와 레몬 슬라이스를 제외한 나머지 재료를 붓는다.
2. 셰이커에 얼음을 넣고 표면에 성에가 낄 때까지 셰이킹한다.
3. 잔에 얼음을 채운 뒤, 스트레이너로 셰이커의 내용물을 걸러내면서 따른다. 피티드 위스키를 넣는다.
4. 레몬 슬라이스를 장식한다.

TOMMY'S MARGARITA

토 미 스 마 르 가 리 타

1990년경 · 훌리오 베르메호(JULIO BERMEJO)

글라스	방법	얼음 형태
올드 패션드 글라스	**셰이커**	**큐브**

- 테킬라 60㎖
- 라임주스 25㎖
- 아가베 시럽 15㎖
- 라임 웨지 1조각

1. 셰이커에 라임 조각을 제외한 나머지 재료를 붓는다.
2. 셰이커에 얼음을 넣고 표면에 성에가 낄 때까지 셰이킹한다.
3. 잔에 얼음을 채운 뒤, 스트레이너로 얼음을 걸러내면서 칵테일을 따른다.
4. 라임 조각을 넣는다.

BLACK VELVET
블 랙 벨 벳

글라스

플루트 글라스

방법

잔

얼음 형태

큐브

스타우트 타입 브라운 맥주 1/2

샴페인 또는 스파클링 와인 1/2

1. 잔에 얼음을 채운다.
2. 먼저 샴페인 또는 스파클링 와인을 따른다.
3. 맥주를 조심스럽게 따른다.

BRASS MONKEY
브 라 스 몽 키

글라스

하이볼 글라스

방법

잔

얼음 형태

큐브

맥주 2/3

오렌지주스 1/3

오렌지 슬라이스 1/4조각

1. 2가지 재료를 얼음과 함께 잔에 담으면 완성.
2. 오렌지 슬라이스를 장식한다.

CORONARITA
코 로 나 리 타

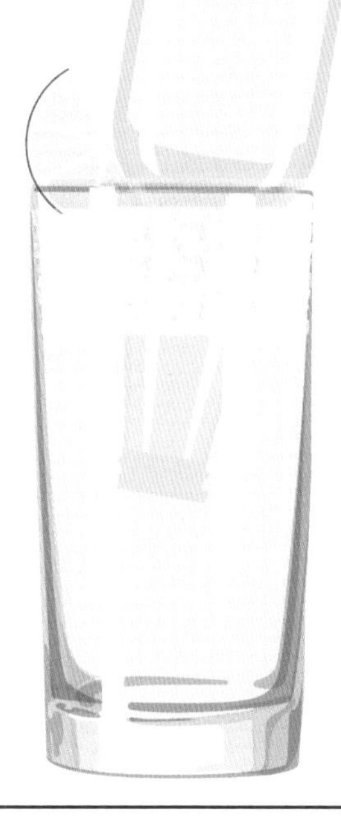

글라스	방법	얼음 형태
하이볼 글라스	**잔**	**큐브**

- 테킬라 15㎖
- 갓 짠 라임즙 1개 분량
- 트리플 섹 15㎖
- 코로나 맥주 250㎖
- 라임 슬라이스 1/2조각
- 플뢰르 드 셀

1. 잔 테두리의 1/2 정도에 소금을 묻힌다.
2. 잔에 얼음을 넣고 테킬라, 트리플 섹, 라임즙을 부은 다음 바 스푼으로 잘 젓는다.
3. 맥주병을 잔 안에 거꾸로 꽂는다.
4. 라임 슬라이스를 장식한다.

DAME DU LAC
담 뒤 락

글라스	방법	얼음 형태
하이볼+샷 글라스	**잔**	**없음**

- 맥주 250㎖
- 버번 20㎖

1. 버번을 샷 글라스에 따른다.
2. 버번을 넣을 자리를 남겨두고 하이볼 글라스에 맥주를 따른다.
3. 맥주를 따라놓은 하이볼 글라스에 버번을 따라놓은 샷 글라스를 조심스럽게 넣는다. 맥주 거품과 함께 샷 글라스가 천천히 떠오른다.

DOIDO
도 이 두

글라스	방법	얼음 형태
올드 패션드 글라스	**잔**	**큐브**

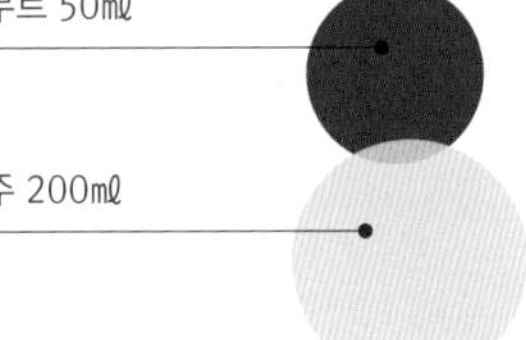

- 레드 베르무트 50㎖
- 차가운 맥주 200㎖
- 오렌지 슬라이스 1/2조각

1. 얼음을 절반 정도 채운 잔에 베르무트를 붓는다.
2. 맥주를 부어 잔을 채운다.
3. 오렌지 슬라이스를 장식한다.

IRISH CAR BOMB
아 이 리 시 카 밤

글라스	방법	얼음 형태
파인트 + 샷 글라스	**잔**	**없음**

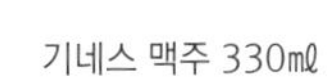

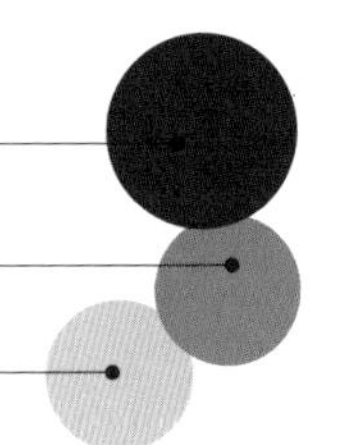

- 기네스 맥주 330㎖
- 아이리시 위스키 40㎖
- 베일리스 40㎖

1. 파인트에 맥주를 붓는다.
2. 위스키와 베일리스를 샷 글라스에 붓는다.
3. 샷 글라스의 내용물을 파인트에 부은 다음 바로 마신다.

SIROCCO
시 로 코

글라스	방법	얼음 형태
하이볼 글라스	**잔**	**큐브**

블론드 맥주 200㎖
캄파리 40㎖
토마토주스 40㎖
생강 시럽 10㎖
방울토마토 1개

1. 얼음을 넣은 잔에 토마토주스, 생강 시럽, 캄파리를 붓는다.
2. 바 스푼으로 젓는다.
3. 맥주를 부어 잔을 마저 채운다. 2번에 나눠 부어서 부드러운 거품을 만든다.
4. 나무꼬치에 끼운 방울토마토를 장식한다.

SUMMER BEER
서 머 비 어

글라스	방법	얼음 형태
마티니 글라스	**잔**	**없음**

레모네이드 20㎖
착즙 오렌지주스 20㎖
보드카 20㎖
차가운 맥주 250㎖
오렌지제스트 1조각

1. 잔에 레모네이드, 오렌지주스, 보드카를 붓는다.
2. 맥주를 따르면서 전체를 부드럽게 젓는다.
3. 오렌지제스트를 장식한다.

FAUX 75
포 75

글라스	방법	얼음 형태
플루트 글라스	**셰이커**	**큐브**

- 레몬주스 30㎖
- 심플 시럽 30㎖
- 레몬 비터스 소다 100㎖
- 레몬제스트 1조각

1. 셰이커에 레몬주스와 시럽을 넣고 얼음을 넣은 다음, 표면에 성에가 낄 때까지 셰이킹한다.
2. 스트레이너로 얼음을 걸러내면서 내용물을 따른다.
3. 레몬 비터스 소다를 넣는다.
4. 레몬제스트를 장식한다.

GREEN MARY
그린 메리

글라스	방법	얼음 형태
하이볼 글라스	**셰이커 + 블렌더**	**큐브**

- 오이 1개
- 레몬주스 10㎖
- 카소나드 (부분정제 갈색설탕) 1/2ts
- 타바스코 4방울
- 셀러리 1줄기

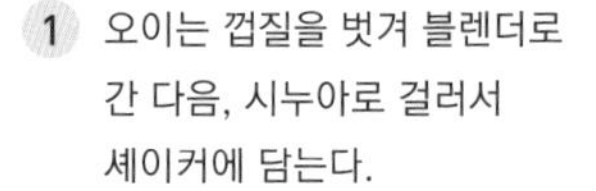

1. 오이는 껍질을 벗겨 블렌더로 간 다음, 시누아로 걸러서 셰이커에 담는다.
2. 셰이커에 셀러리를 제외한 나머지 재료를 넣고 얼음을 넣는다.
3. 표면에 성에가 낄 때까지 셰이킹한다.
4. 얼음을 넣은 잔에 스트레이너로 셰이커의 내용물을 걸러내면서 따른다.
5. 셀러리를 장식한다.

JUNIPER & TONIC

주 니 퍼 & 토 닉

글라스	방법	얼음 형태
올드 패션드 글라스	**셰이커**	**큐브**

- 주니퍼 시럽 30㎖
- 라임주스 20㎖
- 토닉워터 80㎖
- 라임 슬라이스 3조각

1. 라임주스와 시럽을 셰이커에 넣고 얼음을 넣는다. 표면에 성에가 낄 때까지 셰이킹한다.
2. 셰이커의 내용물을 스트레이너로 걸러내면서 따른다.
3. 토닉워터를 부어 잔을 채운다.
4. 라임 슬라이스를 넣는다.

MANGO COLADA

망 고 콜 라 다

글라스	방법	얼음 형태
구리컵	**블렌더**	**큐브**

- 냉동 망고 200g
- 라임주스 10㎖
- 코코넛 밀크 80㎖
- 탄산수 100㎖
- 민트 1줄기

1. 민트를 제외한 모든 재료를 블렌더에 넣는다.
2. 25초 동안 간 다음 잔에 붓는다.
3. 민트 줄기를 장식한다. 라임이나 망고를 장식해도 좋다

MOJITO SPRITZER

모 히 토 스 프 리 처

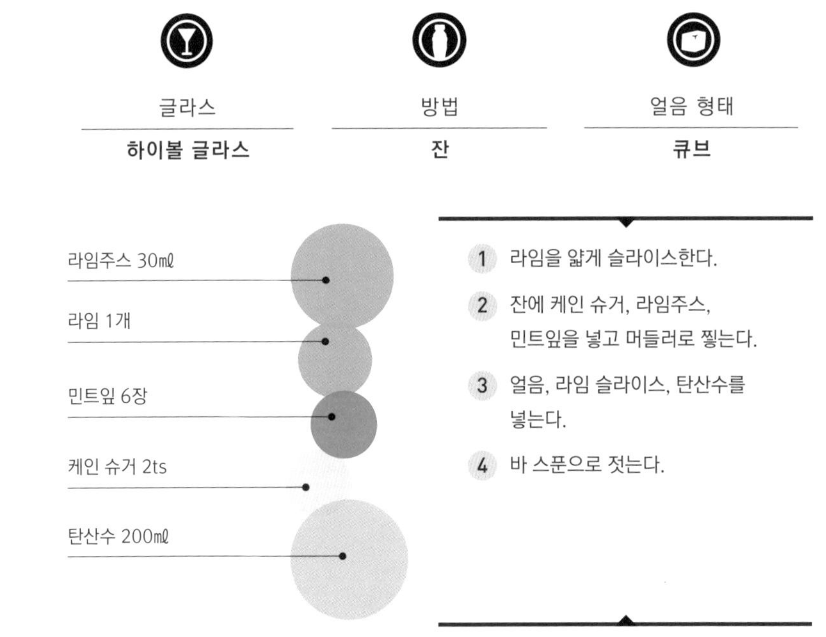

글라스	방법	얼음 형태
하이볼 글라스	**잔**	**큐브**

- 라임주스 30㎖
- 라임 1개
- 민트잎 6장
- 케인 슈거 2ts
- 탄산수 200㎖

1. 라임을 얇게 슬라이스한다.
2. 잔에 케인 슈거, 라임주스, 민트잎을 넣고 머들러로 찧는다.
3. 얼음, 라임 슬라이스, 탄산수를 넣는다.
4. 바 스푼으로 젓는다.

TART NUT COFFEE

타 르 트 너 트 커 피

글라스	방법	얼음 형태
올드 패션드 글라스	**블렌더**	**큐브**

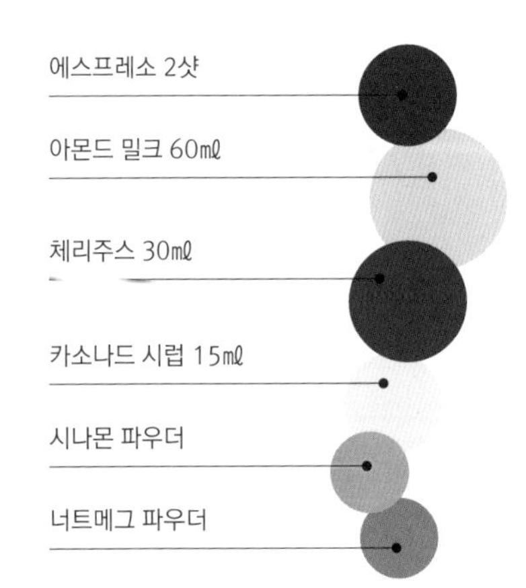

- 에스프레소 2샷
- 아몬드 밀크 60㎖
- 체리주스 30㎖
- 카소나드 시럽 15㎖
- 시나몬 파우더
- 너트메그 파우더

1. 시나몬과 너트메그 파우더를 제외한 모든 재료를 블렌더에 넣는다.
2. 블렌더로 갈아서 잔에 따른다.
3. 얼음, 시나몬, 너트메그를 취향에 따라 넣는다.

TUSCAN ICED TEA

투 스 칸 아 이 스 티

글라스	방법	얼음 형태
올드 패션드 글라스	**셰이커**	**큐브 + 크러시드 아이스**

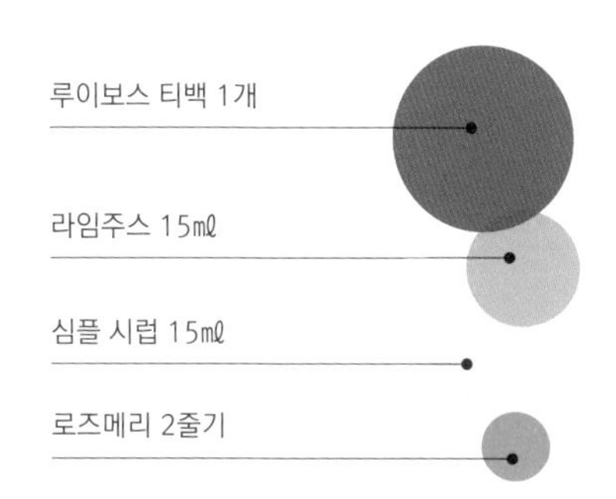

1. 루이보스 티백에 끓는 물 150㎖를 붓는다. 10분 동안 우려낸 다음 얼음을 넣어 식힌다.
2. 셰이커에 로즈메리, 루이보스 티, 라임주스, 심플 시럽, 얼음(큐브)을 넣고 성에가 낄 때까지 셰이킹한다.
3. 얼음(크러시드)을 채워둔 잔에 스트레이너로 셰이커의 내용물을 걸러내면서 따른다. 로즈메리 줄기를 장식한다.

VIRGIN MARGARITA

버 진 마 르 가 리 타

글라스	방법	얼음 형태
하이볼 글라스	**블렌더**	**큐브**

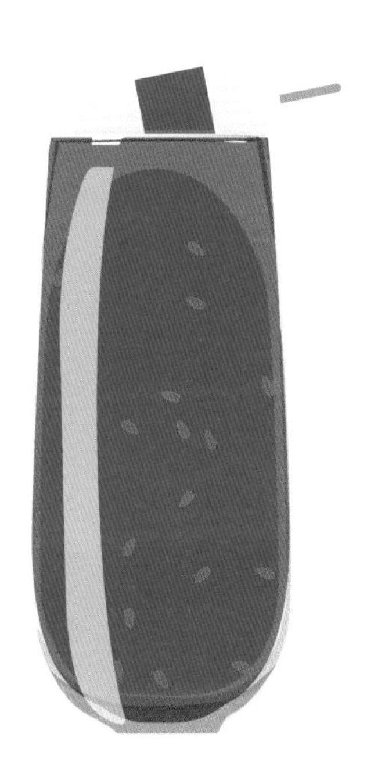

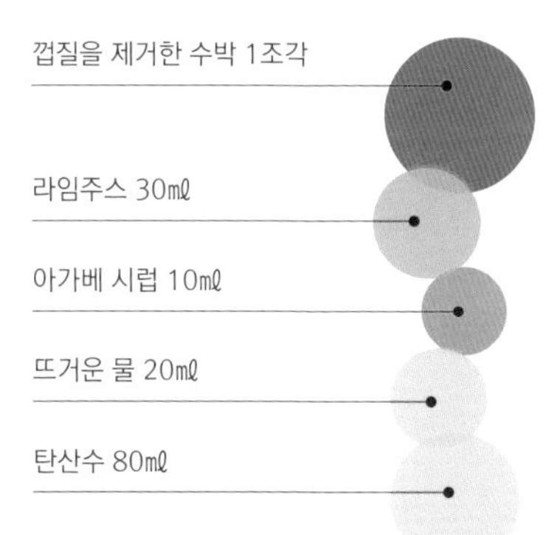

1. 탄산수를 제외한 나머지 재료를 블렌더에 넣고 20초 동안 간다.
2. 얼음을 가득 채운 잔에 블렌더의 내용물을 붓는다.
3. 탄산수를 채워 마무리한다.

VIRGIN SANGRIA

버 진 상 그 리 아

글라스

올드 패션드 글라스

방법

펀치 볼(8잔 분량)

얼음 형태

큐브

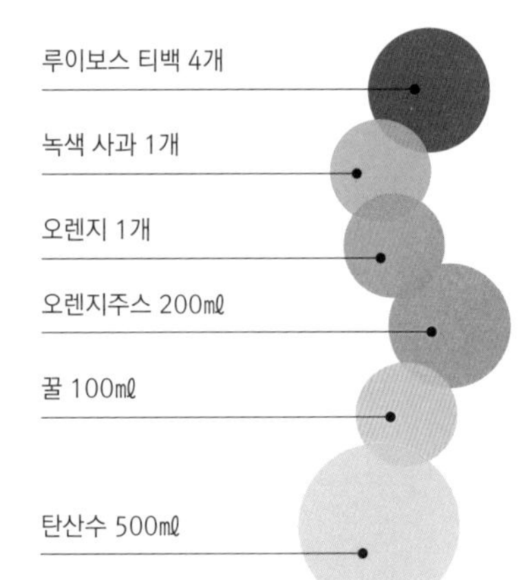

1. 루이보스 티백에 끓는 물 1ℓ를 붓고 10분 동안 우려낸 다음 차갑게 식힌다.
2. 사과와 오렌지를 얇게 슬라이스한다. 펀치 볼에 루이보스 티, 오렌지주스, 꿀, 슬라이스한 과일을 넣고 섞는다. 몇 시간 정도 냉장보관한다.
3. 탄산수와 얼음을 넣는다. 국자로 젓는다.

VIRGIN SUNRISE

버 진 선 라 이 즈

글라스

올드 패션드 글라스

방법

셰이커

얼음 형태

큐브

오렌지주스 180㎖

라임주스 10㎖

석류 알갱이 1TS

그레나딘주스 30㎖

1. 셰이커에 오렌지주스와 라임주스를 붓는다. 얼음을 넣고 표면에 성에가 낄 때까지 셰이킹한다.
2. 잔에 석류 알갱이를 넣는다.
3. 스트레이너로 얼음을 걸러내면서 셰이커의 내용물을 따른다. 바 스푼을 따라 그레나딘주스를 조심스럽게 흘려 넣는다.

MARIAN BEKE
마리안 베케

슬로바키아에서 태어난 그는 어린 시절 부친이 운영하던 와인 회사의 영향을 받아 아버지의 뒤를 잇기로 결심한다. 그가 런던에 정착한 것은 10년 전으로 영어를 완벽하게 마스터하겠다는 것이 원래의 목적이었으나, 런던의 칵테일 문화 역시 런던행의 이유가 되었다. 나이트클럽의 보조로 처음 일을 시작한 그는 천천히 성장하여 바텐더가 되었으며, 몽고메리 플레이스(Montgomery Place), 아르테시안 바(Artesian Bar), 펄 런던(Purl London) 등 호텔, 레스토랑, 칵테일 바를 거치며 경력을 쌓았다. 그리고 마리안은 마침내 그의 첫 칵테일 바인 「더 깁슨(The Gibson)」을 오픈한다.
깁슨은 초창기부터 유럽 최고의 바로 주목을 받았으며, 「월드 베스트 바 50」에서 6위를 기록했다. 또한 그는 러시아, 일본, 한국, 중국, 미국, 캐나다, 타이, 인도네시아, 싱가포르, 유럽 등 전 세계를 누비며 바 컨설턴트로 활동하고 있다.

대표 칵테일

SMUGGLER'S COVE
스머글러스 코브

트러플 향을 낸 브뤼클라딕 위스키 400㎖
아마로 루카노 150㎖ • 벅패스트 토닉 와인 400㎖
오렌지 비터스 2dash • 코니시 파스티스 3dash
핸더슨스 렐리시(영국산 우스터 소스) 3dash
화이트 트러플 오일 2dash • 치노토 탄산수 5㎖
발사믹 식초에 절인 댐슨자두 1개 • 레몬제스트 1조각
화이트 초콜릿을 넣어 구운 비스코티 1개

참고자료

좋은 영화를 보고 난 뒤처럼

이 챕터에서는 칵테일과 관련된

여러 가지 정보를 소개한다.

참고자료

믹솔로지스트 되기

다음에 바텐더를 만나게 되면 바텐더가 되기까지 그의 지난 여정에 대해 물어보자.
모두가 자신만의 이야기를 갖고 있다는 것을 알게 된다.
그리고 질문에 대한 분명한 답 또한 들려줄 것이다.

독학파

다른 일을 하던 사람, 우연히 바텐더를 시작한 사람, 상장기업의 관리직을 버리고 바텐더가 된 사람, 또는 여전히 자신이 어떤 일을 해야 할지 찾지 못한 사람 등, 독학파는 가장 다양한 인물들로 이루어진 집단이다. 모든 독학파 믹솔로지스트들의 공통점은 서비스가 끝난 밤에도 광적으로 책을 읽는다는 것이다. 그리고 대부분의 경우, 기존의 믹솔로지 방식에서 벗어나 각자의 방식으로 훌륭하게 어려움을 극복해낸다.

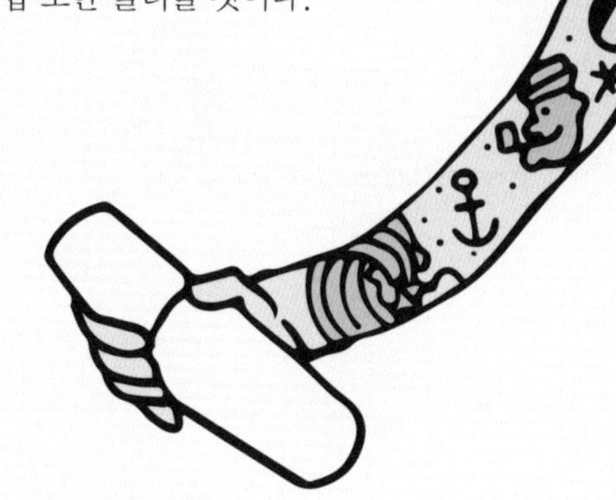

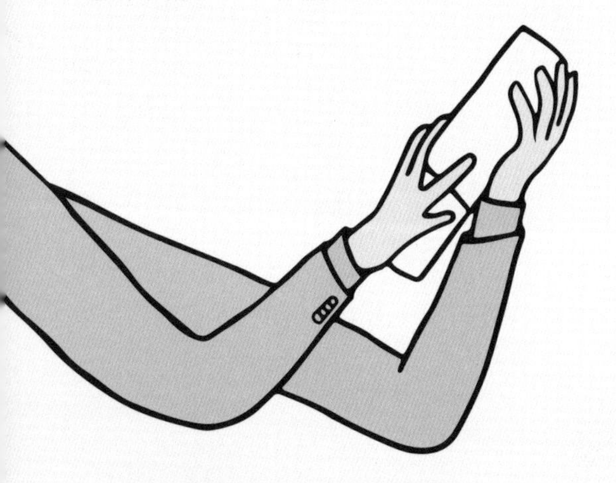

사립 교육기관

「유러피언 바텐더 스쿨(European Bartender School)」, 「에콜 뒤 바(École du bar)」, 「CQP」, 「MCB 2.0.」. 이 기관들은 프랑스에서 각기 다른 과정을 운영하고 있으며, 일반적으로 교육 시간은 짧은 편이다(10~120시간). 교육기관을 선택하기 전에 좋아하는 칵테일 바를 둘러보고 조언을 구해보자.

정규 교육과정

프랑스의 공교육에도 바텐더가 되기 위한 다양한 과정이 있다.
CCAP(직업능력자격증)_ 브라스리-카페, 레스토랑 서비스, 요식업 다기능직
BEP(직업교육수료증)_ 레스토랑 및 호텔
Bac professionnel(전문계열 대입자격증)_ 요식업 분야
Bac technologique(기술계열 대입자격증)_ 호텔업 분야
자격 리스트는 정기적으로 변화가 있을 수 있으므로 관련 기관에 문의하는 것이 가장 정확하다.
바텐더 MC(보완자격증) 과정의 경우, 1년 동안 전문교육을 받을 수 있다. 다른 방법으로는 바텐더 BP(직업자격증) 과정이 있으며, 2년 동안 경력을 쌓은 뒤 취득할 수 있다. 2년 동안 교육과 현장 근무를 교대로 거치며 진행하는 과정이다.

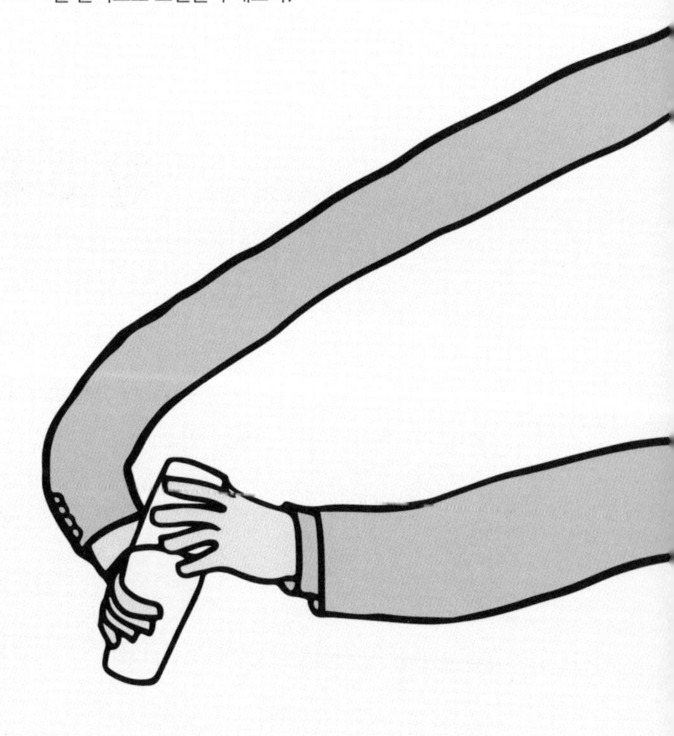

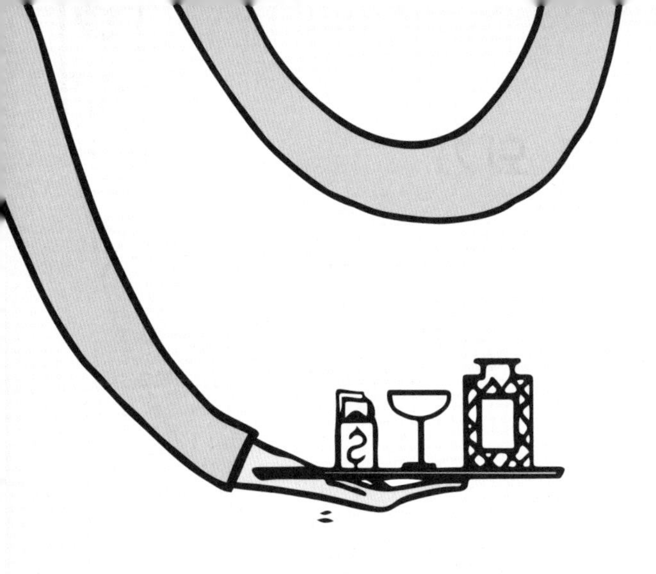

바텐더가 되기 전에

바의 세계에 입문하기 전, 이 직업은 많은 시간과 노력을 필요로 한다는 사실을 잊어서는 안 된다. 다른 사람들이 파티를 하는 동안 당신은 일을 해야 한다는 것도 기억해두자. 또한 독학이든 학위 소지자이든 스스로에게 끊임없이 질문을 던져야 하며, 자료를 모으고, 새로운 트렌드에도 신경을 써야 한다. 시작만 하면 금세 술병을 돌리며 저글링을 하게 되리라는 기대는 하지 말라. 대부분의 바에서는 서비스 견습 기간을 거쳐야 바에서 일할 자격을 얻을 수 있다.

바텐더 MOF

MOF(프랑스 국가명장)가 된다는 것은, 바텐더로 근무하는 것 외에도 오랫동안 많은 준비가 필요한 엄격한 대회에서 우승하여 업계와 국가가 인정한다는 것을 의미한다. 바텐더 부문 MOF는 2011년에 신설되었다.
심사위원은 평가 목록에 따라 외국어 소통 능력, 서비스 테크닉, 일반교양, 제품에 대한 지식, 서비스 및 접객을 통해 부가 가치를 창조하는 능력, 전문적인 동작, 복장 등에 대해 점수를 매긴다.

주류 브랜드의 교육 프로그램

바텐더들이 증류주 및 칵테일 분야에 대한 지식을 끊임없이 발전시킬 수 있도록, 주류 브랜드에서는 업계 종사자를 위한 교육 프로그램을 운영하고 있다. 그들의 목적은 제품을 올바르게 사용할 수 있게 교육하는 것이지만, 또한 경쟁사에 맞서 브랜드를 홍보하는 수단이 되기도 한다.

참고자료

바텐더 대회

단순한 즐거움을 넘어 바텐더 대회는 믹솔로지계에 이름을 알리기 위한 필수 코스가 되었다.

대회에 참가하는 이유

바텐더 월드컵은 없지만 수많은 국내 및 국제 대회가 존재하며, 대부분은 주류 브랜드와 관련이 있다.
그런데 바텐더들은 왜 이런 행사에 참여하는 것일까?

홍보 효과

주류 브랜드들은 대회 홍보에 많은 돈을 투자한다. 정상급 바텐더로 이름을 알릴 기회가 된다.

즐거운 분위기

대부분의 대회는 증류소 방문, 바 투어(당연히 전문적인 목적이다), 지역제품 시음 등 바텐더들이 좋은 시간을 보낼 수 있는 프로그램으로 구성되어 있다.

교류

바텐더들은 자신이 일하는 매장 외에 다른 바를 방문할 기회가 많지 않다. 대회에 나가면 동료들이 일하는 모습을 관찰하고 테크닉이나 재료에 대한 의견을 나눌 기회를 가질 수 있다.

도전

바텐더로서 자기 자신에게 끊임없이 질문을 던지는 것은 큰 도움이 된다. 대회는 바텐더가 익숙한 환경에서 벗어날 기회를 제공한다.

여행

대회는 다른 나라를 경험하는 좋은 수단이 되기도 한다. 주류 브랜드에서 필요한 비용을 부담하기도 한다.

어떻게 치러질까?

프로다운 모습을 보여줄 수 있을 거라고 생각하는가? 그러나 난관으로 가득한 험난한 과정을 거쳐야 하는 대회는 노련한 바텐더들조차 두려움에 떨게 만든다. 매우 짧은 시간 동안 칵테일을 만들어야 하고, 잘 알지 못하는 재료가 주어지기도 하며, 수많은 군중이 지켜보는 가운데 작업을 해야 한다. 기술적인 문제가 생기는 것은 말할 것도 없다. 셰이커가 열리지 않거나, 심사위원 앞에서 지거를 떨어뜨릴지도 모른다. 대회에서는 놀라운 일들이 많이 벌어지며, 최정상 바텐더라도 실수를 저지르는 일이 비일비재하다.

대형 국제 대회

많은 바텐더 대회가 있지만, 그중에서도 유명한 대회를 소개한다.

그랑 프리 하바나 클럽 (GRAND PRIX HAVANA CLUB)

1996년에 만들어진 이 대회는 2년마다 쿠바의 아바나에서 개최된다. 40여 명의 세계 최정상급 바텐더들이 럼을 주제로 경쟁한다.

바카디 레거시 (BACARDÍ LEGACY)

장차 모히토나 다이키리와 어깨를 나란히 할 바카디 브랜드의 차세대 대표 칵테일을 발굴하는 것이 이 대회의 목표이다. 역시 럼을 중심으로 진행된다.

월드 클래스 컴페티션 (WORLD CLASS COMPETITION)

2009년 디아지오(Diageo) 브랜드(조니워커, 론 자카파, 케텔 원, 탄카레이 등)를 중심으로 시작된 대회로 매년 60개 이상의 나라에서 선발전을 거친다. 2016년 마이애미에서 열린 대회에서는 프랑스 출신의 여성 바텐더 제니퍼 르 네셰(Jennifer Le Nechet)가 우승을 차지했다.

주류 브랜드만의 행사일까?

바텐더 대회 개최에 가장 먼저 뛰어든 것은 주류 브랜드이지만, 최근에는 시럽이나 과일주스 생산기업에서도 이러한 행사에 동참하고 있다. 목표는 2가지. 첫 번째는 미래의 바텐더들을 점찍어서 브랜드의 홍보 대사로 영입하기 위해서이고, 두 번째는 매스컴에 노출되기 위해서이다.

참 고 자 료

브랜드와 믹솔로지

주류 브랜드는 믹솔로지에 대한 투자 규모를 점점 더 늘리고 있다.
기업 입장에서는 사회의 변화를 감지하고, 새로운 트랜드에 가까이 갈 수 있는 방법이기 때문이다.

시대의 변화

식후주 또는 식전주로 단순한 주류를 즐기던 시절은 이미 오래전에 지나갔다. 물론 몇몇 예외는 있지만(특히 위스키와 관련하여), 많은 주류들이 시장에서 도태되지 않기 위해 스스로 새로운 가치를 찾아야 한다.

입맛의 변화

여전히 쓴맛이나 신맛이 칵테일에서 지배적인 역할을 하고 있지만, 최근에는 단맛이 기준이 되고 있다. 이러한 흐름은 2016년 프랑스에서 가장 많이 소비된 칵테일 리스트를 통해 확인할 수 있다.

1. 모히토(판매량의 약 80%)
2. 키르 로얄
3. 키르
4. 피냐 콜라다
5. 티 펀치
6. 마르가리타
7. 진 토닉
8. 테킬라 선라이즈

생수와 와인 브랜드의 가세

칵테일과 밀접한 관계가 있는 생수 브랜드는 홍보를 위해 칵테일 파티 등에 참여한다. 와인 브랜드 역시 다양한 축제를 통해 시원하고 청량한 칵테일을 선보이고 있으며, 우유 관련 단체까지도 자신들을 홍보하기 위해 우유가 들어간 칵테일을 소개하고 있다.

유행하는 현상?

칵테일 소비가 점점 증가하는 것은 칵테일의 황금기와 관련 업계를 다룬 TV 시리즈와 영화(위대한 개츠비, 매드맨…)가 많아진 영향이 크다. 또한 새로운 고객층(새로운 시장 창출)이 증가하고 있기 때문이기도 한데, 특히 여성 고객층에서 칵테일의 인기가 높다.

세분화된 전략

주류 브랜드에서 바텐더 교육에 투자하는 금액은 그리 크지 않다. 모든 것은 브랜드에 의해 세심하게 조율되며, 매체 홍보를 통해 다음 여름에 판매할 칵테일 런칭을 준비하기 위한 것이다. 이렇게 준비된 칵테일은 다양한 경로로 판매된다. 돌아오는 여름뿐 아니라, 그 다음해 여름에 런칭할 칵테일까지도 이미 준비를 마치고 차분히 순서를 기다리고 있다.

슬로 드링킹

시간을 들여 칵테일을 준비하고, 시음하며, 칵테일과 이를 구성하고 있는 맛에 대해 이해한다.
슬로 드링킹은 바카디 마티니(Bacardí-Martini) 그룹이 제시하는 흥미로운 개념이다.

슬로 드링킹 10계명

슬로 운동

슬로 운동은 1986년 친환경 미식을 표방하는 단순한 프로젝트에서 시작되었다.
슬로 푸드는 국제적인 운동으로, 사회 안에서 식품이 갖는 가치와 지위를 되찾자는 비영리적인 목표를 지니고 있다.

1. 노동에 대한 정당한 보상을 통해 생산자를 존중한다.
2. 자연과 환경을 존중하고 생태 다양성을 보호한다.
3. 각각의 지역과 문화 고유의 풍미와 전통을 중요시한다.

슬로 드링킹에 대해 더 자세히 알고 싶다면 www.slowdrinking.com 을 참고한다.

대규모 행사

파리 칵테일 주간(PARIS COCKTAIL WEEK)

매년 초 일주일 동안 파리 최고의 바들을 체험할 수 있는 행사로, 오직 이 행사를 위해 준비된 특별한 창작 칵테일들을 맛볼 수 있는 기회이기도 하다.
www.pariscocktailweek.fr

파리 칵테일 페스티벌(PARIS COCKTAIL FESTIVAL)

워크숍과 시음뿐 아니라 며칠 동안 다양한 행사가 펼쳐진다.
www.paris-cocktail-festival.com

칵테일 스피리츠 파리(COCKTAILS SPIRITS PARIS)

프랑스의 박람회로 훌륭한 칵테일과 신제품을 발견할 수 있는 좋은 기회이다.
cocktailspirits.com

올드 패션드 위크(OLD FASHIONED WEEK)

전설적인 칵테일, 올드 패션드를 위한 한 주!
www.old-fashioned-week.com

럼 페스트 파리 / 럼 페스트 마르세유 (RHUM FEST PARIS / RHUM FEST MARSEILLE)

럼을 베이스로 한 칵테일을 접할 수 있는 좋은 기회이다.
www.rhumfestparis.com / www.rhumfestmarseille.com

몽펠리에 칵테일 투어(MONTPELLIER COCKTAIL TOUR)

프랑스의 칵테일 수도는 한곳이 아니다. 몽펠리에도 그중 하나이다.
www.montpelliercocktailtour.com

테일즈 오브 더 칵테일(TALES OF THE COCKTAIL)

믹솔로지 분야의 대규모 국제 행사. 바와 관련된 모든 업체가 뉴올리언스에 모인다.
talesofthecocktail.com/events/tales-cocktail-new-orleans

테일즈 온 투어(TALES ON TOUR)

모든 사람이 「테일즈 오브 더 칵테일」에 참여하기 위해 뉴올리언스를 방문할 수는 없는 노릇이다. 테일즈 온 투어는 투어 형태의 프로그램이다.
talesofthecocktail.com/events/tales-on-tour/

참 고 자 료

프랑스에서 가 볼 만한 바

랑티케르(L'ANTIQUAIRE)

20, rue Hippolyte-Flandrin
69001 Lyon

르 바 클레베(LE BAR KLÉBER)

19, avenue Kléber
75116 Paris

바통 루주(BATON ROUGE)

62, rue Notre-Dame-de-Lorette
75009 Paris

비주(BISOU)

15, boulevard du Temple
75003 Paris

르 칼바(LE CALBAR)

82, rue de Charenton
75012 Paris

캉들라리아(CANDELARIA)

52, rue de Saintonge
75003 Paris

캐리 네이션(CARRY NATION)

주소는 비밀
13006 Marseille

다니코(DANICO)

6, rue Vivienne
75002 Paris

레 쥐스트(LES JUSTES)

1, rue Frochot
75009 Paris

리틀 레드 도어 (LITTLE RED DOOR)

60, rue Charlot
75003 Paris

마벨(MABEL)

58, rue d'Aboukir
75002 Paris

오스트레아 에 페르디시옹 (OSTREA ET PERDITION)

60, rue de l'Arbre-Sec, 75001 Paris

파파 도블(PAPA DOBLE)

6, rue du Petit-Scel
34000 Montpellier

르 파르퓡(LE PARFUM)

55 bis, rue de la Cavalerie
34090 Montpellier

푸앵 루주(POINT ROUGE)

1, quai de Paludate
33800 Bordeaux

르 생디카(LE SYNDICAT)

51, rue du Faubourg-Saint-Denis
75010 Paris

INDEX

ㅁ

ㅂ

ㅅ

ㅇ

ㅈ

ㅊ

ㅋ

ㅌ

글 미카엘 귀도(Mickaël Guidot)

프랑스 부르고뉴 지방에서 태어나 와인으로 유명한 본과 뉘 생 조르주 근처에서 자랐으며, 이 지역의 와이너리와 바에 열심히 드나들었다.
그 후 고향을 떠나 파리에 있는 광고회사에 입사했는데, 그곳에서 여러 샴페인 회사, 증류주 회사와 일하며 미각적 경험과 지식을 넓혔다.
2012년부터는 「포 조르주(ForGeorges.fr)」라는 블로그를 통해 그동안 쌓은 지식과 경험을 많은 사람들과 나누고 있다. 「포 조르주」는 블로그 개설 몇 달 전에 세상을 떠난 글쓴이의 조부를 기리기 위한 이름으로, 그는 가족들과 함께 즐기는 식전주를 무엇보다 좋아했다고 한다. 글쓴이에게 이 블로그는 만남과 나눔, 그리고 호기심의 공간이다. Marabout에서 『위스키는 어렵지 않아(Le Whisky c'est pas sorcier)』(2016, 한국어판 그린쿡 출간 2018)를 출간했으며, 많은 바텐더 대회에서 정기적으로 심사를 맡고 있다.
www.forgeorges.fr

그림 야니스 바루치코스(Yannis Varoutsikos)

아트 디렉터이자 일러스트레이터. Marabout에서 나온 『와인은 어렵지 않아(Le Vin c'est pas sorcier)』(2013, 한국어판 그린쿡 출간 2015), 『커피는 어렵지 않아(Le Café c'est pas sorcier)』(2016, 한국어판 그린쿡 출간 2017), 『위스키는 어렵지 않아(Le Whisky c'est pas sorcier)』(2016, 한국어판 그린쿡 출간 2018), 『맥주는 어렵지 않아(La Bière c'est pas sorcier)』(2017, 한국어판 그린쿡 출간 2019), 『Le Grand Manuel du Pâtissier』(2014), 『Le Rugby c'est pas sorcier』(2015), 『Le Grand Manuel du Cuisinier』(2015), 『Le Grand Manuel du Boulanger』(2016) 등의 그림을 그렸다.
lacourtoisiecreative.com

번역 고은혜

이화여대 통번역대학원 한불 통역과와 파리 통번역대학원(ESIT) 한불 번역 특별과정을 졸업했다. 프랑스 정부 공인 요리부문 CAP(전문 직능 자격증)를 취득했으며, 파리 소재 미쉐린 스타 레스토랑에서 견습을 거쳤다. 프랑스어권 유명 셰프들의 내한 행사 통역 및 다수의 요리 전문서 번역을 수행하였으며, 현재 식음 전문 한불 통번역사로 활동하고 있다.

칵테일은 어렵지 않아

펴낸이 유재영
펴낸곳 그린쿡
글쓴이 미카엘 귀도
옮긴이 고은혜
기획 이화진
편집 박선희
디자인 정민애

1판 1쇄 2019년 6월 10일
1판 7쇄 2024년 5월 30일

출판등록 1987년 11월 27일 제10-149
주소 04083 서울 마포구 토정로 53(합정동)
전화 02-324-6130, 324-6131
팩스 02-324-6135

E-메일 dhsbook@hanmail.net
홈페이지 www.donghaksa.co.kr / www.green-home.co.kr
페이스북 www.facebook.com/greenhomecook
인스타그램 www.instagram.com/__greencook

ISBN 978-89-7190-678-1 13590

• 이 책은 실로 꿰맨 사철제본으로 튼튼합니다.
• 잘못된 책은 구매처에서 교환하시고, 출판사 교환이 필요할 경우에는 사유를 적어 도서와 함께 위의 주소로 보내주세요.

GREENCOOK은 최신 트렌드의 요리, 디저트, 브레드는 물론 세계 각국의 정통 요리를 소개합니다. 국내 저자의 특색 있는 레시피, 세계 유명 셰프의 쿡북, 전 세계의 요리 테크닉 전문서적을 출간합니다. 요리를 좋아하고, 요리를 공부하는 사람들이 늘 곁에 두고 활용하면서 실력을 키울 수 있는 제대로 된 요리책을 만들기 위해 고민하고 노력하고 있습니다.

WHISKY
WHISKY